U0222907

MARK
麦客文化

中国人的
二十四节气

邱丙军 主编

化学工业出版社
·北京·

前 言

　　二十四节气是以我国北方黄河流域的气候、物候为依据建立起来的，历史上我国的主要政治、文化、经济中心多集中在这些地区，为适应农业生产等的需要，当地的人们通过对太阳、月亮、天气、物候等的长期观察，总结出一套适合该地区的"自然历法"，指导生活和从事农业生产。

　　我国的节气文化源远流长。二十四节气中"二至""二分"的概念已经见于《尚书·尧典》；战国后期成书的《吕氏春秋》的《十二月纪》篇中也有了立春、春分、立夏、夏至、立秋、秋分、立冬、冬至等八个节气的名称；到秦汉年间，遂有了二十四节气的名目，《淮南子·天文篇》一书就有了和现在完全一样的二十四节气名称。到了汉武帝太初元年（公元前104年），由邓平等制定的《太初历》，明确了二十四节气的天文位置，正式把二十四节气定于历法。由此，经过历朝历代的演绎补充，二十四节气的内涵更加丰富。

2016 年 11 月 30 日，联合国教科文组织保护非物质文化遗产政府间委员会经过评审，正式将我国申报的"二十四节气——中国人通过观察太阳周年运动而形成的时间知识体系及其实践"列入联合国教科文组织人类非物质文化遗产代表作名录。二十四节气的"申遗"成功，使这一影响我国几千年农业文明的传统文化再次成为热议话题。为了让年轻人更好地了解二十四节气知识，特编写了本书。本书围绕不同季节、不同节气的自然变化，分别介绍每个节气的气候变化、农事活动、传统习俗、饮食养生等内容。

由于二十四节气基本上是根据黄河流域的物候建立起来的，而且我国地域辽阔，南北跨纬度大，因此有时可能较难全面兼顾，还望广大读者体谅。

目录

二十四节气是我国的传统历法中表示季节变迁的二十四个特定节令，它包含丰富的自然地理与历史文化等方面的知识。了解二十四节气对于我们认知自然、了解传统有很大的帮助。

二十四节气的形成

二十四节气指二十四个"节"和"气"，包括立春、雨水、惊蛰、春分、清明、谷雨、立夏、小满、芒种、夏至、小暑、大暑、立秋、处暑、白露、秋分、寒露、霜降、立冬、小雪、大雪、冬至、小寒、大寒。一年十二个月，每月有一节一气。

二十四节气的来历

我国古代最早使用的历法是阴历，它是根据月亮圆缺变化的周期来制定的，月亮绕着地球转一圈为一个月。但是随着农耕实践的发展，人们发现纯粹用阴历历法和月份容易使阴阳失调、冬夏倒置，与农业生产的节候配合不上。随后采用的历法虽然调和了阴阳，但是一年中的节气仍然会相差一个月。

因此在战国末年又创立了二十四节气与阴历配合使用。或许，二十四节气当时在民间已经流行，只是在战国末年将其规范化，后逐渐成为通用的历法。

二十四节气的顺序、名称等其后虽有变动，但历朝历代一直沿用。直到我国使用国际通用的公历纪年后，二十四节气才成了一种辅助性的历法。

二十四节气的名称是怎么来的？二十四个节气的名称，是随着斗纲所指的地方并结合当时的自然气候与景观命名而来的。所谓斗纲，就是北斗七星中的魁、衡、杓三颗星。随着天体的运行，斗纲指向不同的方向和位置，其所指的位置就是所代表的月份。如正月为寅，黄昏时杓指寅，半夜衡指寅，白天魁指寅；二月为卯，黄昏时杓指卯，半夜衡指卯，白天魁指卯；其余的月份类推。早在东周春秋战国时代，汉族劳动人民中就有了日南至、日北至的概念。随后人们根据月初、月中的日月运行位置和天气及动植物生长等自然现象，利用之间的关系，把一年平分为二十四等份，并且给每等份取了个专有名称，这就是二十四节气。

二十四节气以黄河流域的物候为依据。二十四节气是以我国北方黄河流域的气候、物候为依据建立起来的，历史上我国的主要政治、文化、经济中心多集中在这些地区，为适应农业生产等的需要，当地的人们通过对太阳、月亮、天气、物候等的长期观察，总结出一套适合该地区的"自然历法"，指导生活和从事农业生产。

二十四节气的划分

二十四节气是根据太阳在黄道（即地球的公转轨道平面与天球相交的大圆）上的位置变化而制定的。太阳从春分点出发，每前进 15 度为一个节气；运行一周又回到春分点，为一回归年，合 360 度，一年就分成了 24 个相等时间段，每一段为一个节气。太阳通过每一段的时间相差不多，因此每个节气的时间也相差很少。二十四节气在现行的公历中日期基本固定，上半年在 6 日、21 日，下半年在 8 日、23 日，前后不过相差 1~2 天。为了方便记忆，古代劳动人民还用两句口诀来表达这种情况：上半年来六、廿一，下半年来八、廿三。

用二十四节气确定月份。在这二十四个节气中，冬至、大寒、雨水、春分、谷雨、小满、夏至、大暑、处暑、秋分、霜降、小雪通常用来确定月份。冬至所在月份为冬月；大寒所在月份为腊月；雨水所在月份为正月；春分所在月份为二月……小雪所在月份为十月，以此类推。

二十四节气与农历闰月的安排有着密切的关系。一年有二十四个节气，计十二个节和十二个气，即一个月之内有一节一气。每两节、气相距天数平均约三十天又十分之四，而阴历每个月的天数则为二十九天半，所以每过大概三十四个月，必然会遇到有两个月仅有节而无气或者仅有气而无节。有节无气的月份，农历上称为闰月；有气无节的月份就不是闰月。节气与农历月份关系如表：

节	气
立春——正月节	雨水——正月气
惊蛰——二月节	春分——二月气
清明——三月节	谷雨——三月气
立夏——四月节	小满——四月气
芒种——五月节	夏至——五月气
小暑——六月节	大暑——六月气
立秋——七月节	处暑——七月气
白露——八月节	秋分——八月气
寒露——九月节	霜降——九月气
立冬——十月节	小雪——十月气
大雪——十一月节	冬至——十一月气
小寒——十二月节	大寒——十二月气

　　许多人以为二十四节气是阴历历法，其实不然。农历实际年长为12个或13个朔望月，与多年平均年长回归年不一致，所以二十四节气无法与阴历日期相对应，反而与同属太阳历性质的公历日期基本对应。二十四节气正是作为阳历来配合阴历使用的，它是为了弥补纯用阴历的不足，因此可以看作是一种补充历法。

二十四节气的科学根据

二十四节气与地球公转

地球绕太阳公转一周所需要的时间，就是地球公转周期，周期为一年。由于地球在自转的同时也在公转，因此太阳直射点会有不同。地球公转形成了四季变化。

春分、秋分昼夜等长。春分这一天太阳直射点在赤道上，昼夜等长。《春秋繁露·阴阳出入上下篇》就说："春分者，阴阳相半也，故昼夜均而寒暑平。"人们发现，在春分和秋分这两个节气到来时，白天和黑夜的时间是一样长的。《月令七十二候集解》在解释春分、秋分两个节气时也说："春分，二月中。分者，半也，此当九十日之半，故谓之分。秋同义。"

太阳直射在地球上的不同位置。地球公转时太阳直射点在南北回归线之间来回移动，太阳直射北回归线时为夏至日，此时北半球获得的太阳热量多，北半球为夏季；南半球获得的热量就少，南半球为冬季。太阳直射南回归线时，北半球获得的热量少，北半球为冬季；南半球获得的热量就多，南半球为夏季。太阳直射赤道时，北半球就是春季或秋季。

地球公转周期以春分点为参考。 地球公转的春分点周期就是回归年。 这种周期单位是以春分点为参考点得到的。 在一个回归年期间，从太阳中心上看，地球中心连续两次过春分点；从地球中心上看，太阳中心连续两次过春分点。从地心天球的角度来讲，一个回归年的长度就是，视太阳中心在黄道上连续两次通过春分点的时间间隔。

二十四节气气温与四季的形成

以"四立"为划分四季的起点。 四季的交替，中国知之极早。 二十四节气以"四立"为划分四季的起点，自立春至立夏为春季，自立夏至立秋为夏季，以此类推。 这种清楚地划分四季的方法相对来说是比较科学的，因此竺可桢先生在他的《物候学》书中称赞说："四季之安排，法莫善于此者，此所以宋儒沈括赞扬之于先，而今日气象学家泰斗英人肖纳伯（Napier Shaw）且提倡欧美之采用此法也。"

光照与地球上的四季划分。 季节更迭的根本原因是地球的自转轴与其公转轨道平面不垂直，偏离的角度是 23 度 26 分（黄赤交角）。 在不同的季节，南北半球所受到的太阳光照不相等，日照更多的半球是夏季，另一半是冬季。 春季和秋季则为过渡季节，当太阳直射点接近赤道时，两个半球的日照情况相当，但是季节发展的趋势还是相反——当南半球是秋季时，北半球是春季。

划分四季因气候而异。天文季节划分法严格按照地球公转位置来决定，而实际的季节不同地区因气候而异。划分四季的方法很多，天文因素划分法和气候划分法比较常见。

天文因素划分四季是以太阳直射赤道（春分日、秋分日）和直射南回归线（冬至日）、北回归线（夏至日）的时刻为参考点划分四季。我国传统历法以这四点作为春、夏、秋、冬四个季节的中点，以四立为划分四季的起点，立春就是春季的起点，立夏是夏季的开始，等等。而西方则以二分二至为划分四季的起点，春分是春季的起点，夏至是夏季的开始，等等。但是这两种分法都不能真实地反映气候情况，用这两种方法，似乎地球上处处都可分四季，因此并不十分科学。

以气候本身的标准——候温（连续五日的平均气温，五天为一候）划分：夏季——候平均气温在 22℃以上的连续时期；冬季——候平均气温在 10℃以下的连续时期；春季和秋季则是介于 10~22℃之间的时期。这样，各地四季的起止日期不尽相同，且地球上大部分地区没有完整的四季。我国近代气象学家为了客观、准确地划分处于不同纬度和不同地形的各地的季节，发掘和利用我国的气象资源，提出了以温度为标准，并兼顾一些能反映季节来临的动植物活动和生长规律来划分季节的方法，即候均温划分法。由于 10℃以上适合大部分农作物生长，一年中维持在 10℃以上的时间的长短对农业生产的影响很大，所以这样划分季节，有很大的实际意义。

现今通用以天文季节与气候季节相结合来划分四季：即3月、4月、5月为春季，6月、7月、8月为夏季，9月、10月、11月为秋季，12月、1月、2月为冬季。

二十四节气的形成与季风的关系

我国大部分地区为温带大陆性气候，海陆温差大。冬季陆地上温度低，空气密度大，气压高；而海洋上空气密度小，气压低。夏季反之。空气由气压高的地方吹向气压低的地方，于是风就形成了。冬季风由大陆吹向海洋，夏季风由海洋吹向大陆，这就是季风的形成。

了解了季风的形成，那么二十四节气又与季风有什么关系呢？我国每年9月中上旬的白露节气是季风交替的时节，这时，夏季风逐步被冬季风所代替，冷空气势力变强，往往带来一定范围的降温幅度。此时广东全省的温度也开始呈南高北低走向，当地最多风向开始转为偏北。这种现象说明夏季风已逐渐南退，而冬季风已开始南侵。

二十四节气在国外的影响范围只限于同属东亚季风气候的日本、朝鲜及韩国，并不适用于非季风气候区。

立 春

杜 甫

春日春盘细生菜，忽忆两京梅发时。

盘出高门行白玉，菜传纤手送青丝。

巫峡寒江那对眼，杜陵远客不胜悲。

此身未知归定处，呼儿觅纸一题诗。

这首诗是杜甫在寓居夔州时所做，离安史之乱结束不过数年。杜甫由眼前的春盘，回忆起往年太平"盛世"，两京立春日的美好情景。但眼下的现实，却是漂泊异乡，萍踪难定。面对巫峡大江，愁绪如东去的一江春水，滚滚而来。悲愁之余，只好"呼儿觅纸"，寄满腔悲愤于笔端了。

立 春

立春雪水化一丈，打得麦子无处放。

立春晴，一春晴；立春下，一春下。

立春东风回暖早，立春西风回暖迟。

腊月立春春水早，正月立春春水迟。

水淋春牛头，农夫百日忧。

立春雨水到，早起晚睡觉。

立春晴一日，耕田不费力。

立春雨淋淋，阴阴湿湿到清明。

雷打立春节，惊蛰雨不歇。

打春下大雪，百日还大雨。

立春热过劲，转冷雪纷纷。

打春冻人不冻水。

立春北风雨水多。

立春寒，一春暖。

立春晴，雨水匀。

立春一日，水暖三分。

江南春

杜 牧

千里莺啼绿映红，水村山郭酒旗风。

南朝四百八十寺，多少楼台烟雨中。

　　这首《江南春》，千百年来素负盛誉，四句诗既写出了江南春景的丰富多彩，也写出了它的广阔，其色彩鲜明，意味隽永。

雨 水

春雨贵如油。

夜雨三日雨。（浙）

早雨天晴，晚雨难晴。（苏、浙）

雨水有雨，一年多水。（湘）

雨水落了雨，阴阴沉沉到谷雨。（赣）

雨下黄昏头，明天是个大日头。（陕）

早雨不会大，只怕午后下。（湘）

早晨下雨当天晴，晚间下雨到天明。（苏）

早雨晚晴，晚雨一天淋。（桂）

雨打五更头，午时有日头。（浙）

雨打雨水节，二月落不歇。（赣）

雨水落雨三大碗，大河小河都要满。（湘）

雨打夜，落一夜。（浙）

雨水明，夏至晴。（湘）

观田家

韦应物

微雨众卉新，一雷惊蛰始。

田家几日闲，耕种从此起。

丁壮俱在野，场圃亦就理。

归来景常晏，饮犊西涧水。

饥劬不自苦，膏泽且为喜。

仓廪无宿储，徭役犹未已。

方惭不耕者，禄食出闾里。

韦应物，唐代山水田园诗派著名诗人。诗中通过对农民终岁辛劳而不得温饱的具体描述，深刻揭示了当时赋税徭役的繁重和社会制度的不合理。自惊蛰之日起，农民就没有"几日闲"，整天起早摸黑地忙碌于农活，结果却家无隔夜粮，劳役没个完。想起自己不从事耕种，但是俸禄来自乡里，心中深感惭愧。

惊 蛰

惊蛰地化通，锄麦莫放松。

惊蛰吹南风，秧苗迟下种。

惊蛰不耙地，好像蒸馍跑了气。

惊蛰刮北风，从头另过冬。

二月打雷麦成堆。

惊蛰至，雷声起。

冷惊蛰，暖春分。

春雷响，万物长。

惊蛰冷，冷半年。

春日田家

宋 琬

野田黄雀自为群，山叟相过话旧闻。

夜半饭牛呼妇起，明朝种树是春分。

　　宋琬，清初著名诗人。这首诗描写了春日田家的生活，具有浓郁的农家气息。田野有一群黄雀觅食，村中一位老翁经过屋角田边，会向人谈起过去的旧闻。到了晚上喂牛时会叫醒老伴，商量明朝春分种树的事情。一件不经意的情景，老汉简单的生活片段，俨然成了一幅淡淡的山村风情画，表达了作者对乡村自在生活的赞美之情。

春 分

春分春分，昼夜平分。

春分不暖，秋分不凉。

春分不冷清明冷。

吃了春分饭，一天长一线。

春分刮大风，刮到四月中。

春分有雨到清明，清明下雨无路行。

春分前后怕春霜，一见春霜麦苗伤。

苏堤清明即事

吴惟信

梨花风起正清明，游子寻春半出城。
日暮笙歌收拾去，万株杨柳属流莺。

　　吴惟信，字仲孚，南宋后期诗人。这首诗对大好春光和游春乐境并未作具体渲染，只是用"梨花""笙歌"等稍作点染，借游人的纵情、黄莺的恣意，从侧面措意，促人展开联想。诗人叙节日情景，状清明景色，不是直接绘描，而是就有情之人和无情之莺的快乐，由侧面实现自己的创作目的。

清 明

雨打清明前，
春雨定频繁。（鲁）

雨打清明前，
洼地好种田。（黑）

清明后，谷雨前，
又种高粱又种棉。

枣芽发，种棉花。

清明雾浓，一日天晴。（豫）

清明宜晴，谷雨宜雨。（赣）

清明不怕晴，谷雨不怕雨。（黑）

麦怕清明霜，谷要秋来旱。（云）

渔歌子

张志和

西塞山前白鹭飞，桃花流水鳜鱼肥。

青箬笠，绿蓑衣，斜风细雨不须归。

张志和，字子同，初名龟龄，号玄真子、烟波钓徒。这首词描绘春天秀丽的水乡风光，塑造了一位渔翁形象，赞美渔家生活情趣，抒发作者对大自然的热爱。西塞山前白鹭自由翱翔，娇艳的桃花随着流水漂去，水中嬉戏的鳜鱼又大又肥。江岸上一位老翁戴着青色箬笠，身披绿色蓑衣，坐在船上沐浴着斜风细雨，沉浸在垂钓的欢乐和美丽的春境之中，乐而忘归。

谷 雨

谷雨天，忙种烟。

过了谷雨种花生。

苞米下种谷雨天。

谷雨有雨棉花肥。

谷雨麦挑旗，立夏麦头齐。

谷雨下秧，大致无妨。

谷雨前后，种瓜点豆。

谷雨种棉花，能长好疙瘩。

谷雨过三天，园里看牡丹。

清明早，小满迟，谷雨立夏正相宜。

清明麻，谷雨花，立夏栽稻点芝麻。

谷雨栽上红薯秧，一棵能收一大筐。

清明高粱接种谷，谷雨棉花再种薯。

谷雨节到莫怠慢，抓紧栽种苇藕芡。

谷雨前后栽地瓜，最好不要过立夏。

棉花种在谷雨前，开得利索苗儿全。

京中正月七日立春

[唐]罗隐

一二三四五六七，万木生芽是今日。

远天归雁拂云飞，近水游鱼迸冰出。

　　当太阳到达黄经315°时为立春节气，时间为每年的2月4日或2月5日。俗语说"春打六九头"，指立春日在"六九"的第一天，因此"立春"又叫打春。明代王象晋编撰的《群芳谱》对立春解释为："立，始建也。春气始而建立也。""建"就是"开始"的意思，意味着春天的气息来临。自秦代以来，我国就一直把立春作为孟春时节的开始。

气候变化

立春时节，"阳和起蛰，品物皆春"。此时的阳光不像之前那样清冷了，而逐渐变得温暖，让人觉得"春日烘烘"，俗语即有"立春一日，水热三分"之说。

春天的前奏。 立春并不意味着春天真正到来，春的气息还不算浓厚。立春期间，气温、日照、降雨，开始趋于上升、增多。但这一切对全国大多数地方来说仅仅是春天的前奏。

从现代气候学标准看，以"立春"作为春季的开始，不能和当时全国各地的自然物候现象吻合。常年来看，2月上旬，真正进入花红柳绿的春季只有华南地区，华北大地却仍是大雪纷飞。现在比较科学的划分，是把候(5天为一候)平均气温在10℃以上的始日，作为春季开始。

气温仍寒。 立春时节冷暖空气交替频频出现，气温忽高忽低，气压变化也大，气候仍以风寒为主，因为当阳气和阴气势均力敌且进行交流的时候，便会出现风，尤其初春，更是多风。而在北方，冷空气还是占据着主导地位，甚至有的年份还会有强冷空气向南侵袭，造成较大范围的雨雪、大风和降温天气。此时，东亚南支西风急流开始减弱，隆冬严寒天气快要结束。但北支西风急流强度和位置基本没有变化，蒙古冷高压和阿留申低压仍然比较强大，大风降温仍是盛行的主要天气。但在强冷空气影响的间隙期，偏南风频数增加，并伴有明显的气温回升过程。因此这一时节的天气总是乍暖还寒，忽冷忽热，让人摸不着头脑，俗话说"早春孩儿面，一日两三变"。

春雷、春雨。 由于气流影响，这一季节全国各地会普遍出现雷电现象，温度在 0℃以上时则会下起淅淅沥沥的小雨。古谚语中就有"立春一声雷，一月不见天""立春雨淋淋，阴阴湿湿到清明"等。

农事活动

立春后气温回升，春耕大忙季节就要在全国大部分地区陆续开始了。农作物长势加快，油菜和小麦生长需水量增加，应及时灌溉，中耕松土，追施返青肥，促进作物生长。

防寒、防冻、防虫害。冬小麦除草也要适时而行，同时仍要做好防冻工作，预防寒潮低温和雨雪天气的不利影响，谨防"倒春寒"天气对农作物造成危害，做好防冻保苗的工作。可采取放烟雾避冻、冻害发生后及早水肥齐攻等措施补救，将灾害造成的损失降到最低程度。也要加强小麦锈病等病虫害的监测与防治，预防春季病虫害的发生与流行。

农耕。南方地区则要抓紧耕翻早稻秧田，做好选种、晒种，以及夏收作物的田间管理。春耕春种要全面展开了，"立春雨水到，早起晚睡觉"，南方早稻将陆续播种，要密切关注天气变化，及时下种。

传统习俗

占春。古时立春日有占春的习俗。占春就是在立春这一天依照一定的事物占验全年的天气和收成。据说古时立春前几日，县令会带着本地的知名人士在地上挖一个坑，然后把羽毛等重量较轻的东西放在坑里，等到了某个时辰，坑里的羽毛会飘上来，这个时刻就是立春时辰。当这个时刻到来时就开始放鞭炮庆祝，祈求此年风调雨顺、五谷丰登。

迎春。 在我国，立春之日迎春的习俗已有三千多年历史。在周代，立春之日天子亲率三公九卿、诸侯大夫去东郊迎春，并有祭祀太皥、青帝句芒的仪式，以祈求丰收。回来之后，要赏赐群臣，布德令以施惠兆民。立春之日祭祀二神表达了人们渴望美好春天的强烈愿望，这种活动影响到民间，使之成为世世代代的全民迎春活动。

游春、探春。 立春节气民间有游春、探春的活动。此时，人们纷纷装扮起来，组成长长的队伍游行。队伍先是报春人打扮成公鸡的样子走在最前面，之后一群人抬着巨大春牛形象，之后的人打扮成牧童牵牛的、打扮成大头娃娃送春桃的、打扮成燕子的应有尽有。这次游春之后就是可以开始踏青的信号，一直到端午之间都是游春的好时候。

送春牛帖。 古时立春日还有送春牛帖、送春牛图的习俗。古时县里立春前一日要派发报春的送春牛帖子和立春帖子：两名艺人顶冠饰带，称春吏。沿街高喊"春来了"，俗称"报春"。春吏站在田间敲锣打鼓，唱着迎春的赞词，到每家去报春，挨家挨户送上一张春牛图或迎春帖子。在这红纸印的春牛图上，印有一年二十四个节气和人牵着牛耕地，人们称其为"春帖子"。此日，无论士、农、工、商，见到春吏都要作揖礼谒。

吊春穗。 流传在陕西澄城一带的吊春穗也是一种立春习俗。每年立春日，当地妇女用各色布编成布穗，或用彩色线缠成各种形态的"麦穗"，然后吊在小孩或青年人的身上，也可挂在牲口如驴、马、牛的身上，借以祝福来年风调雨顺，五谷丰收。

躲春、禁戊。立春日不仅要迎太岁，而且还不能冲犯岁君。《宁乡县志》载："立春……多按时刻燃香烛，奉迎太岁。间有听星士言年命冲犯岁君，或行运冲犯者，是日杜门不出，谓之'躲春'。"此外还有"禁戊"之俗，立春以后的一连五个戊日都不能动土。《宁乡县志》载："自后逢戊日，家家辍土锄不动土，谓之'禁戊'，五戊皆然。或谓戊为阳，土其数为五，木主事则土休囚，故于春首禁五戊以培之，亦通。"

"躲春"和"禁戊"的禁忌与民间的太岁信仰和择日习俗有关，但是也说明人们对于春神和春阳的重视。

鞭春牛。古时立春日都要举行鞭春之礼，引春牛而击之曰"打春"，意在鼓励农耕，发展生产。杨万里《观小儿戏打春牛》诗写道："小儿著鞭鞭土牛，学翁打春先打头。……儿闻年登喜不饥，牛闻年登愁不肥。麦穗即看云作帚，稻米亦复珠盈斗。大田耕尽却耕山，黄牛从此何时闲？"在幽默诙谐的笔调中劝课农桑。

民间立春日要把春天和句芒神接回来，并设春官，然后由郡县太守等象征性耕种，鞭打春牛，代表民间可以进行耕种了。这些习俗意在催促人们，一年之计在于春，要抓紧务农，莫误大好春光。

吃春饼。春饼是立春时节的一大美食。《北平风俗类征·岁时》载："是月如遇立春……富家食春饼，备酱熏及炉烧盐腌各肉，并各色炒菜，如菠菜、韭菜、豆芽菜、干粉、鸡蛋等，且以面粉烙薄饼卷而食之，故又名薄饼。"如今我国南北方都有吃春饼的食俗，但也有所区别。

南方地区通常将面粉搓揉成面皮，包入馅心做成团状的薄饼，用油两面煎至金黄。

北方吃法则比较讲究，将面团擀成圆形的非常薄的面皮，然后放入平底锅内摊熟，成薄圆片备用。另用豆芽菜、胡萝卜丝、干粉丝、火腿丝、韭菜芽、鸡蛋丝、肉丝等和在一起炒熟（所有的馅心原料均要切成丝状，并且不得少于7种），然后将炒好的馅心放入面皮中卷而食之，另备一锅汤作辅食。

也可以把各种果品、糖果、豆芽、萝卜、韭菜、菠菜、生菜、豆子、鸡蛋、土豆丝等摆在盘子里拼成"春盘"，好吃又好看。

祭春神。民间立春要祭祀春神。相传太皞，即伏羲氏，是司春之神；句芒是木神，他的形象是人面鸟身，主管树木的发芽生长。在江南一些地区，每家每户都于立春日在门口放一张桌子，桌上贴着写有"迎春接福"四个字的红纸，桌子中间放一个饭甑，饭盛得极满，以"饭饭年"表示"春神万万年"。在饭甑的左右两边各放些新鲜青菜和豆腐，豆腐上插有梅花、松柏和竹枝，象征洁净、长青和富足，也有的在大碗中栽白菜和插小旗。等立春时刻一到，鸣放爆竹，行礼祭拜，然后把青菜移栽到菜地或者大花盆中，以示春到。

饮食养生

立春后人体内阳气开始生发，新陈代谢增强，如能在春季大自然"发陈"之时，借阳气上升、人体新陈代谢旺盛之机，采用科学的养生方法，对全年的健身防病都是十分有利的，甚至可以取得事半功倍的效果。

立春护肝。立春时节在养生上主要是护肝。春属木，与肝相应。木的物性是生发，肝脏也具有这样的特性。在生理特点上，肝主疏泄，性喜条达而恶抑郁。春季肝阳亢盛，人的情绪易急躁。心情抑郁会导致肝气郁滞，影响肝气的疏泄，容易引起神经内分泌系统功能紊乱，免疫力下降，进而引发精神病、肝病、心脑血管疾病等，所以除了进食护肝养肝的食物外，还要注意保持心胸开阔，心境愉悦，避免情绪波动。

宜食辛甘，不宜食酸。 饮食方面要考虑春季阳气初生，宜食辛甘发散之品，不宜食酸收之味。因为在五脏与五味的关系中，酸味入肝，具收敛之性，不利于阳气的生发和肝气的疏泄，因此这一时节要忌食酸收之味，适当多吃补肝养肝的食物，如动物肝脏、鸭血、乌梅、豆制品、鸡蛋等，灵活地进行配方选膳。

宜食生发食物。 饮食调养应从进食清爽绿色蔬菜、提升阳气出发，进而达到调养身体的目的。可适当多吃辛甘的蔬菜，如大葱、香菜、韭菜、芹菜、豌豆等，胡萝卜、菜花、白菜及青椒等新鲜蔬菜，也有提升阳气之效，可多吃。

萝卜和芽菜是春季常见的生发性食物。芽菜在古代被称为"种生"，常见的有豆芽、香椿芽、姜芽等。如果人体的阳气发散不出来，可适当吃些这样的食物来帮助发散。

宜清淡，勿干辣。 立春时，饮食要清淡，不要过度食用干燥、辛辣的食物。同时，因为阳气上升容易伤阴，所以要特别注重养阴，可以多选用百合、山药、莲子、枸杞子等食物。

立春时节正临近新春佳节，人们的膳食结构多以高脂肪和高蛋白为主，这对大脑和心脏的保健都是有害的。所以此时要合理地调节饮食结构，应以蔬菜、水果、豆制品等食品为主。

特殊的立春日

撞春。 在民间，如果立春和一些特殊的日子重合，则被赋予特殊的寓意。例如江苏《黄埭志》载："元旦立春最佳。"《饶阳县志》载："元旦立春，人民安，蚕麦十倍。"古资料载："百年难遇岁朝春。"意思就是说正月初一能与立春日撞在一天是百年难遇的，所以是吉祥的象征。

无春年。 年年有春天，但并不是每年都有立春这一日。"无春年"是指农历全年都没有立春的年份，如 2005 年的鸡年、2008 年的鼠年、2010 年的虎年、2013 年的蛇年都没有立春这一日。没有立春是正常的历法现象，其实是完全和凶吉无关的。

古时人们又把无春年叫作"寡妇年"，被视为有凶煞。民间盛传寡妇年无春"不宜结婚"，这是没有科学依据的。

之所以会出现"无春年"，这是因为农历年长度有的年份短于回归年、有的年份长于回归年。回归年的长度为 365.2422 天，这就是相邻两个立春节气之间的时间间隔。公历年平均长度是 365.2425 天，与回归年相差无几。而农历年情况就不一样了，农历无闰月的年份为 353 至 355 天，比回归年少 11 天左右；有闰月的年份为 383 至 385 天，比回归年多 19 天左右。农历有闰月的年份（每 19 年中有 7 年），因年长长于回归年，故年初年末都有立春日，即"两头春"；无闰月的年份（每 19 年中有 12 年），因年长短于回归年，"无春年"最多，剩下的立春日在年初和在年末的大约各占一半。

这种规律以 19 年为周期，循环往复，个别年份稍有出入。于是立春在农历年中的位置呈现出 4 种情况：年初、年末、年初年末两头春、全年无立春日。

双立春。 双立春指一年有两个立春日。如果年前立春，也就是说，一年两个立春，那么也主吉利。吉林《磐石县乡土志》载："一年打两春，黄土变成金。"认为一年两春，预示农业丰收。在河北则认为牲畜会涨价，河北《昌黎县志》载："春见春，四蹄贵如金。"并解释说："凡一年节气有二立春，六畜多昂贵。"河南也有类似的传统，河南《淮阳乡村风土记》载："一年打两春，黄牛贵似金。"浙江有的地方认为一年两春主冬春气候温暖，《云和县志》载："两春夹一冬，无被暖烘烘。"

在这些民间传统中，都视春为吉祥，春为温暖。而在中国古老的象征系统中，春为阳，而阳主生，主暖。

春夜喜雨

〔唐〕杜甫

好雨知时节，当春乃发生。

随风潜入夜，润物细无声。

野径云俱黑，江船火独明。

晓看红湿处，花重锦官城。

当太阳到达黄经 330° 时为雨水节气，交节时间在 2 月 18~20 日，大致在每年农历正月十五前后。雨水节气是降雨开始、雨量渐增的意思。元代吴澄《月令七十二候集解》解释说："正月中，天一生水。春始属木，然生木者必水也，故立春后继之雨水。且东风既解冻，则散而为雨矣。"意思是说，雨水节气，大地解冻，气温升高，降水开始以雨的形式出现。

气候变化

雨水节气意味着进入气象意义的春天。"雨水"过后，中国大部分地区气温回升到0℃以上，黄淮平原日平均气温已达3℃左右，江南平均气温在5℃上下，华南气温在10℃以上，而华北地区平均气温仍在0℃以下。我国西北、东北地区还没有摆脱冬季的寒冷，天气仍以寒为主，降水也以雪为主。

雪渐少，雨渐多。 雨水节气天气的主要特征，一是气温回暖，开始降雨，雨量也逐渐增多；二是在降水形式上，雪渐少，雨渐多。

全国大部分地区的气候特点，总的趋势是由冬末的寒冷向初春的温暖过渡。在二十四节气的起源地黄河流域，雨水之前天气寒冷，但见雪花纷飞，难闻雨声淅沥；雨水之后气温一般可升至0℃以上，这时冷暖空气的交锋，带来的已经不是气温骤降、雪花飞舞，而是春风春雨的降临。

温差不定。 雨水节气期间，大气环流处于调整阶段，天气变化多端，乍暖还寒。全国大部分地区气温回升，可是如遇强寒潮侵袭，一夜之间气温可下降10℃，甚至降到0℃以下，飘起鹅毛大雪。这种气象变化，人们称之为"倒春寒"。这一节气也是全年寒潮出现最多的节气之一。

农事活动

灌溉。 雨水前后，油菜、冬麦普遍返青生长，对水分的要求较高。而华北、西北以及黄淮地区这时降水量一般较少，常不能满足农业生产的需要。俗语说"春雨贵如油"，这时适宜的降水对作物的生长特别重要。一些干旱地区，

主要通过春季蓄水，来保一季的农作物收成。此时华南地区雨量虽比黄河中下游地区多出好几倍，但这里气温高、蒸发量大，还是缺水。尤其是华南南部和海南岛的局部地区，这一时期的雨量仍比较少，往往会出现春旱。

若早春少雨，雨水前后及时春灌，可保收成。

淮河以南地区，则以加强中耕锄地为主，同时搞好田间清沟沥水，以防春雨过多，导致湿害烂根，所以广东有农谚说"春雨贵如油，下得多了却发愁"。

农耕。雨水节气，雨量渐渐增多，有利于越冬作物返青或生长，抓紧越冬作物田间管理，做好选种、春耕、施肥等春耕春播准备工作。

民间认为雨水这一天的雨，是丰收的预兆，因此该日忌无雨。农谚说："雨水有雨庄稼好，大春小春一片宝。""立春天渐暖，雨水送肥忙。"

传统习俗

拉保保。在川西这片土地上，雨水这天有一项特别有趣的活动叫"拉保保"。"保保"是四川方言，就是干爹的意思。旧时人们有为自己儿女求神问卦的风俗，看看自己儿女命相如何，需不需要找个干爹。找干爹的目的，则是借助干爹的福气来荫庇孩子，让儿子或女儿健康地长大成人。而在雨水节气拉干爹，取"雨露滋润易生长"之意，此举一年复一年，久而成为一方之俗。

干爹也不是随便拜的，父母要按照孩子的生辰、时间，以及金、木、水、火、土之理，找算命先生算算命上相合相克，如果相合就拜为干爹，不合适就要重新找。假如算命认为孩子命上缺木，拜干爹让干爹取名字时就要带木字，相信这样才能保佑孩子长命百岁。

当地民间这天有个特定的拉干爹的场所。这天不管天晴天雨，要拉干爹的父母手提装好酒菜香蜡纸钱的箩篼，带着孩子在人群中穿来穿去找准干爹对象。如果希望孩子长大有知识就拉一个知书识礼有文墨的人做干爹，如果孩子身体瘦弱就拉一个身材高大强壮的人做干爹。一旦有人被拉着当"干爹"，有的能挣掉就跑了，有的扯也扯不脱身，大多都会爽快地答应，也就认为这是别人信任自己，因而自己的命运也会好起来的。

拉到后拉者连声叫"打个干亲家"，就摆好带来的下酒菜、焚香点蜡，叫孩子"快拜干爹，叩头""请干爹喝酒吃菜""请干亲家给娃娃取个名字"，拉保保就算成功了。分手后也有常年走动的称为"常年干亲家"，也有分手后就没有来往的叫"过路干亲家"。这是有选择时间、地点的拉干爹，也有不选择时间、地点的，就称为"上门拜干爹"。

现今的一些地方仍然还保留着这一风俗，也有的地方演化为向自己的亲戚朋友拜干爹的，但拜寄之意都是保佑孩子健康成长。

撞拜寄。"撞拜寄"也是川西民间雨水节的一个重要习俗，与"拉保保"风俗类似。

雨水这天，早晨天刚亮，雾蒙蒙的大路边就有一些年轻妇女，手牵幼小的儿子或女儿，在等待第一个从面前经过的行人。而一旦有人经过，也不管是男是女，是老是少，拦住对方，就把儿子或女儿按捺在地，磕头拜寄，给对方做干儿子或干女儿。"撞拜寄"事先没有预定的目标，撞着谁就是谁。"撞拜寄"的目的也是为了让儿女顺利、健康地成长。

送节。到了雨水这天，川西地区出嫁的女儿纷纷带上礼物回娘家拜望父母。

生育了孩子的妇女，须带上罐罐肉、椅子等礼物。椅子一般是两把藤椅，上面缠着一丈二尺长的红带，称为"接寿"，寓意父母长命百岁。罐罐肉则是用砂锅炖猪蹄、黄豆、海带之类，再用红纸、红绳封了罐口，代表对辛辛苦苦将自己养育成人的父母表示感谢和敬意。

婚后很久不怀孕的妇女，则由母亲为其缝制一条红裤子，穿在贴身处，据说这样可以尽快怀孕。

女婿也要去给岳父岳母送节，如果是新婚女婿送节，岳父岳母还要回赠雨伞，让女婿出门奔波，能遮风挡雨，也有祝愿女婿人生旅途顺利平安的意思。

占稻色。 雨水节"占稻色"习俗流行于华南稻作地区，就是通过爆炒糯谷米花来占卜这年稻谷的成色。 成色足则意味着高产，成色不足则意味着产量低。 成色的好坏，就看爆出的糯米花多少。 爆出来白花花的糯米越多，则这年稻谷收成越好；而爆出来的米花越少，则意味着这年稻谷收成不好，米价将贵。

这项活动渊源很深，元代的娄元礼就在《田家五行》中记载了当时华南稻作地区"占稻色"的习俗："爆孛娄。 烧干镬，以糯谷爆之，谓之孛娄花，占稻色。 自早禾至晚稻皆爆一握，各以器列，比并分数，断高下。"当地爆米花的"花"与"发"语音相同，有发财的预兆。 有些地方的客家人还用爆米花供奉天官与土地社官，以祈求天地和美，风调雨顺，家家户户五谷丰登。

饮食养生

雨水节气应禁食狗肉、羊肉等温热性燥之品，少食生葱蒜，饮食要注意清淡，忌食油腻、生冷及刺激性食物，以防伤及脾胃。

保护脾胃。 中医认为肝主生发，春季肝气旺盛，肝木易克脾土，故春季养生不当容易损伤脾脏，从而导致脾胃功能的下降。 在雨水节气之后，随着降雨有所增多，寒湿之邪最易困着脾脏。同时湿邪留恋，难以去除，故雨水前后应当着重养护脾脏。

春季养脾的重点首先在于调畅肝脏，保持肝气调和顺畅，在饮食上要保持均衡，食物中的蛋白质、碳水化合物、脂肪、维生素、矿物质等要保持相应的比例。

宜吃甜，少吃酸。 五行中肝属木，味为酸，脾属土，味为甘，木胜土。唐代孙思邈在《千金方》中说："春七十二日，省酸增甘，以养脾气。"所以，雨水时节的饮食应少吃酸味，多吃甜味，以养脾脏之气。可选择韭菜、香椿、百合、豌豆苗、茼蒿、荠菜、春笋、山药、藕、芋头、萝卜、荸荠、甘蔗等。

少油腻。 由于春季为万物生发之始，阳气发越之季，应少食油腻之物，以免助阳外泄，否则肝木生发太过，则克伤脾土。雨水时节气候转暖，然而又风多物燥，常会出现皮肤干燥、口舌干燥、嘴唇干裂等现象，故应多吃新鲜蔬菜、多汁水果以补充人体水分。

食粥。 孙思邈在《千金月令》中提到"正月宜食粥"，这是因为粥是易消化的食物，配合一些药物而成的药粥，对身体很有滋补作用，并且雨水时节肝旺脾胃虚弱，宜采用食粥的方法滋补脾胃。粥以米为主，以水为辅，具有补脾润胃、祛除浊气等功效。药粥具有汤剂、流质、半流质的特点，不仅香甜可口，便于吸收，而且可养胃气、助肝阳、治疗慢性病。它与丸散膏丹比较起来，可长期服用，无副作用，又可根据需要加减药物。推荐两种适合此节气食用的粥品。

枸杞子粥：适量枸杞子与粳米同煮成粥，早晚适量食用。枸杞子性味甘平，是一种滋补肝肾的药食两用之品。春季选食枸杞子粥，可以补肝肾不足，治虚劳阳痿，还可以降低血糖和胆固醇，保护肝脏，促进肝细胞新生。

红枣粥：取红枣、粳米同煮为粥，早、晚温热服食。红枣具有良好的补益作用，对儿童的生长发育有很大益处。特别是其性平和，能养血安神，久病体虚、脾胃功能虚弱者经常服用此粥对身体大有好处。

吃补品。 由于此时天气依然寒冷，并且按照中国的阴阳八卦理论此节气属阴，阴具有收敛的性质，所以在这个特定的季节里，还是可以适当进补的，只不过要轻补，如蜂蜜、大枣、山药、银耳、沙参等都是很适合这一节气的补品。谚语说："一日吃三枣，终生不显老。"大枣亦是此时的最好补品，因此物性平味甘，含有大量的蛋白质、糖类、有机酸、黏液质等，是补脾和胃的佳品。老年人、孩童及脾胃素弱的人，春季宜经常服用大枣羹、焦枣茶，可达到健脾生津、补中益气的效用。

惊蛰

春雷乍响，蛰虫惊而出走

闻 雷

［唐］白居易

瘴地风霜早，温天气候催。

穷冬不见雪，正月已闻雷。

震蛰虫蛇出，惊枯草木开。

空馀客方寸，依旧似寒灰。

惊蛰，古称"启蛰"，标志着仲春时节的开始，此时太阳到达黄经345°，交节时间在3月5日或6日。《夏小正》上说："正月启蛰，言发蛰也。万物出乎震，震为雷，故曰惊蛰。是蛰虫惊而出走矣。"此前，动物入冬藏伏土中，不饮不食，称为"蛰"；到了"惊蛰节"，古人认为是天上的春雷惊醒蛰居的动物，称为"惊"。故惊蛰时，蛰虫惊醒，天气转暖，渐有春雷。

气候变化

气温上升快。"春雷响，万物长"，惊蛰时节正是大好的"九九"艳阳天，气温回升，雨水增多。除东北、西北地区外，中国大部分地区平均气温已升到0℃以上，华北地区日平均气温为3~6℃，沿江、江南为8℃以上，而西南和华南已达10~15℃，早已是一派融融春光了。我国大部分地区惊蛰节气平均气温较雨水节气可升高3℃以上，是全年气温回升最快的节气，日照时数也有比较明显的增加。但是因为冷暖空气交替，天气不稳定，气温波动甚大。

春雷。现代气象科学表明，惊蛰前后之所以偶有雷声，是大地湿度渐高而促使近地面热气上升或北上的湿热空气势力较强与活动频繁所致。

从我国各地自然物候进程看，由于南北跨度大，春雷始鸣的时间迟早不一。长江流域大部地区已渐有春雷，南方大部分地区亦可闻春雷初鸣。就多年平均而言，云南南部在1月底前后即可闻雷，而北京的初雷日却在4月下旬。"惊蛰始雷"的说法仅与沿长江流域的气候规律相吻合。

此时气温回升较快，真正使冬眠动物苏醒出土的，并不是隆隆的雷声，而是气温回升到一定程度时地中的温度。有谚语云："惊蛰过，暖和和，蛤蟆老角唱山歌。"此时雷鸣最引人注意，如"未过惊蛰先打雷，四十九天云不开"。

农事活动

"到了惊蛰节，锄头不停歇。"我国劳动人民自古视它为春耕的重要日子。唐诗云："微雨众卉新，一雷惊蛰始。田家几日闲，耕种从此起。"农谚也说：

"过了惊蛰节，春耕不能歇""九尽杨花开，农活一齐来"等。此时我国大部地区进入春耕大忙季节。

华南东南部长江河谷地区，多数年份惊蛰期间气温稳定在12℃以上，有利于水稻和玉米播种；其余地区则常有连续3天以上日平均气温在12℃以下的低温天气出现，不可盲目早播。

春播。3月中旬以后，要做好春季作物和蔬菜的定植与定植准备工作。早稻播种要结合当地常年播期，在冷空气来临时浸种催芽，抓"冷尾暖头"抢晴播种。播后加强田间管理，在冷空气来临前，及时盖好薄膜或灌水，遇晴热天气要及时揭膜通风，提高秧苗成活率，避免烂种烂秧。

春玉米一般在惊蛰至清明播种比较适宜，播种前应进行晒种，可提高种子的发芽势和发芽率，并结合浸种催芽。

3月份是春大豆最佳播种期。当日平均气温达到10℃以上时就可播种春大豆。过早播种发芽慢，易感染病害，出苗不齐；过迟播种则生育期缩短，产量降低。

南瓜、菜瓜、早毛豆、菜豆、豇豆等春播蔬菜，可分别在3月份内播种育苗；3月底结束菠菜、草头菜的播种；荠菜、香菜可继续播种。分株繁殖的韭菜，下旬可开始定植。

防旱施肥。惊蛰时，华北冬小麦返青生长，土壤仍冻融交替，及时耙地是减少水分蒸发的重要措施。"惊蛰不耙地，好比蒸馍走了气"，这是当地人民防旱保墒的宝贵经验。

沿江江南小麦已经拔节，油菜也开始见花，对水、肥的要求均很高，应适时追肥，干旱少雨的地方应适当浇水灌溉。南方雨水一般可满足菜、麦及绿肥作物春季生长的需要，防止湿害则是最重要的。俗话说："麦沟理三交，赛如大粪浇。""要得菜籽收，就要勤理沟。"必须继续搞好清沟沥水工作。

随着气温回升，茶树也渐渐开始萌芽，应进行修剪，并及时追施"催芽肥"，促其多分枝，多发叶，提高茶叶产量。桃、梨、苹果等果树要施好花前肥。

传统习俗

吃梨。在民间素有"惊蛰吃梨"的习俗。"惊蛰吃梨"源于何时，无迹可寻，但山西祁县民间有这样一则代代相传的故事。传说闻名海内的晋商渠家，先祖渠济是上党长子县人，明代洪武初年，带着信、义两个儿子，用上党的潞麻与梨倒换祁县的粗布、红枣，往返两地间从中赢利，天长日久有了积蓄，在祁县城定居下来。雍正年间，十四世渠百川走西口，正是惊蛰之日，其父拿出梨让他吃后说，先祖贩梨创业，历经艰辛，定居祁县，今日惊蛰你要走西口，吃梨是让你不忘先祖，努力创业光宗耀祖。渠百川走西口经商致富，将开设的字号取名"长源厚"。后来走西口者也仿效吃梨，多有"离家创业"之意；再后来惊蛰日也吃梨，亦有"努力荣祖"之念。

关于"惊蛰吃梨"还有其他几种说法：此时气候比较干燥，很容易使人口干舌燥、外感咳嗽，所以民间素有惊蛰吃梨的习俗。梨可以生食、蒸、榨汁、烤或者煮水。此时吃梨可助益脾气，令五脏和平，以增强体质抵御病菌的侵袭。也有人说"梨"谐音"离"，据说惊蛰吃梨可让虫害远离庄稼，可保全年的好收成。

打小人。惊蛰日还有"打小人"的习俗。惊蛰时节往往平地一声雷，唤醒所有冬眠中的蛇虫鼠蚁，家中的爬虫走蚁又会应声而起，四处觅食。所以古时惊蛰当日，人们会手持清香、艾草，熏家中四角，以香味驱赶蛇、虫、蚊、鼠和霉味，久而久之，渐渐演变成不顺心者拍打对头人和驱赶霉运的习惯，亦即"打小人"的前身。"打小人"的用意在于通过拍打代表对头人的纸公仔，驱赶身边的小人瘟神，宣泄内心的不满，并祈求新一年事事如意。

龙抬头。农历二月初二多在惊蛰节气期间。民间流传着"二月二，龙抬头；大仓满，小仓流"的俗语。"二月二"是从上古时期人们对土地的崇拜中产生、发展而来的，在南、北地区形成了不同的节俗文化：北方为"龙抬头"节，南方为"社日"。

按照北方地区的旧俗，这一天，人人都要理发，意味着"龙抬头"走好运，给小孩理发叫"剃龙头"；妇女不许动针线，恐伤"龙睛"；人们也不能从水井里挑水，要在头一天就将自家的水瓮挑得满满当当，否则就触动了"龙头"。普通人家在这一天要吃面条、春饼、爆玉米花、猪头肉等，不同地域有不同的吃食，但大都与龙有关，普遍把食品名称加上"龙"的头衔，如吃水饺叫吃"龙耳"，吃春饼叫吃"龙鳞"，吃面条叫吃"龙须"，吃米饭叫吃"龙子"，吃馄饨叫吃"龙眼"。

南方（浙江、福建、广东、广西等地）"二月二"仍沿用祭社习俗。土地神古称"社""社神""土神""福德正神"，客家人称"土地伯公"，传说是管理一方土地之神。由"地载万物""聚财于地"，人类产生了对土地的崇拜。进入农业社会后，又把对土地的信仰与农作物的丰歉联系在一起。浙江畲族地区有俗语谓："二月二，杀鸡请土地。"每年农历二月初二人们备祭品祭祀土地爷等神，以保佑乡人平安。客家人居住的村边一般都修建有土地庙，每年农历二月二这天，他们备下煮熟的三牲祭品，带上香火蜡烛、纸钱等到村边土地庙祭供，场面肃穆，以求土地神庇护，得以安居乐业。

祭白虎。中国民间传说中，白虎是口舌、是非之神，每年都会在这天出来觅食，开口噬人。大家为了自保，便在惊蛰日祭白虎。所谓祭白虎，是指拜祭用纸绘制的白老虎，纸老虎一般为黄色黑斑纹，口角画有一对獠牙。拜祭时，需以肥猪血喂之，使其吃饱后不再出口伤人，继而以生猪肉抹在纸老虎的嘴上，使之充满油水，不能张口说人是非。

蒙鼓皮。古人认为惊蛰是雷声引起的。神话传说中雷神是位长了翅膀鸟嘴人身的大神，一手持槌，一手连击环绕周身的多面天鼓，发出隆隆的雷声。惊蛰这天，天庭有雷神敲天鼓，鼓声与雷声相似，人间也把握这个时机来蒙鼓皮。《周礼·冬官考工记》的"韗人"篇中就记载有"凡冒鼓，必以启蛰之日"的习俗。

咒雀。惊蛰咒雀，目的是在这一天咒过鸟雀，谷物成熟时鸟雀都不敢来啄食谷物。云南宣威，惊蛰时儿童咒雀，一定要把自己家所有的田埂走遍，才可以回家。有咒雀词道："金嘴雀，银嘴雀，我今朝，来咒过，吃着我的谷子烂嘴壳。"

驱虫。时值惊蛰，气候温暖，雨量较多，"春雷惊百虫"，最宜于各种寄生虫的繁殖。其中最足以称为祸患的，如疟蚊、虱子、跳蚤、血丝虫等。尤其是南方蚊虫更容易滋生，所以防除害虫，华南比华北更为重要紧迫。福建有谚语道："惊蛰不杀虫，寒到五月穷。"因此民间此日多有驱虫之举。《千金月令》上说："惊蛰日，取石灰糁门限外，可绝虫蚁。"石灰原本具有杀虫的功效，在惊蛰这天，撒在门槛外，认为虫蚁一年内都不敢上门。湖北恩施等地用石灰撒地，画出弓箭形状，称之为"射虫"。

除了用石灰驱虫外，湖北天门一带，儿童敲打征鼓木梆，歌唱游行，称为赶虾蟆；江苏睢宁这一天炒栗子，称为爆虫；江苏镇江等地用守岁剩下的蜡烛照虫；上海松江则有烧蛇王香的做法。山东民间会在惊蛰日生火烙煎饼，取"烟熏火燎灭害虫"之意。在陕西一些地区过惊蛰要吃炒豆：人们将黄豆用盐水浸泡后放在锅中爆炒，发出噼啪之声，象征虫子在锅中受热煎熬时的蹦跳之声。与之相类似，广西的瑶家炒玉米，江苏瓜洲人炒糯米，福建的客家人不但要炒豆子、麦子，还要煮连毛芋子、做芋子饺。不论东西南北，或熏或炒，取的皆是"炒虫""驱虫"之意，提醒人们要及时灭虫除害。

饮食养生

惊蛰天气明显变暖，饮食应清温平淡，燥烈辛辣之品应少吃，如辣椒、葱蒜、胡椒等。多食用一些新鲜蔬菜及蛋白质丰富的食物，如春笋、菠菜、芹菜、鸡、蛋、牛奶等，增强体质，抵御病菌的侵袭。

保阴潜阳，适当进补。饮食上以具有保阴潜阳、清肝降火的食物为主。宜多吃富含植物蛋白质、维生素的食物，少食动物脂肪类食物。可以适当选用一些补品，以提高人体的免疫功能。一般应选服具有调血补气、健脾补肾、养肺补脑的补品，像鹌鹑汤、清补菜鸭、枸杞子银耳羹、荸荠萝卜汁、虫草山药烧牛髓、扁豆粥等，或食用一些海参、龟肉、蟹肉、银耳、雄鸭、冬虫夏草等。

润肺止咳、滋阴清热。惊蛰时节，气候比较干燥，很容易使人口干舌燥、外感咳嗽。生梨性寒味甘，有润肺止咳、滋阴清热的功效，非常适合此时食用。另外，咳嗽患者还可食用莲子、枇杷、罗汉果等食物缓解病痛。

惊蛰与雨水

郑玄《礼记·月令》注："《夏小正》'正月启蛰'……汉始亦以启蛰为正月中。"王应麟《困学纪闻》说："改启为惊，盖避景帝讳。"赵翼《陔馀丛考》："是汉初惊蛰犹在雨水前。"

惊蛰、雨水及清明、谷雨之倒置，北宋经学家邢昺认为始于汉代刘歆整理的《三统历》，顾宁人则认为始于东汉天文学者编䜣、李梵编纂的《四分历》。《淮南子》与《逸周书》已经是先雨水而后惊蛰，但是到了《新唐书》《旧唐书》，则又先惊蛰后雨水。从《宋史》开始，雨水在前，惊蛰在后，沿用至今。

春分

仲春郊外

［唐］王勃

东园垂柳径，西堰落花津。

物色连三月，风光绝四邻。

鸟飞村觉曙，鱼戏水知春。

初晴山院里，何处染嚣尘。

　　春分，古时又称为"日中""日夜分""仲春之月"，一是指一天时间白天黑夜平分，各为 12 小时；二是古时以立春至立夏为春季，春分是春季九十天的中间点，平分了春季。此时太阳位于黄经 0°，交节时间为 3 月 20 日或 21 日。《月令七十二候集解》中这样解释春分："春分，二月中。分者，半也，此当九十日之半，故谓之分。秋同义。"汉董仲舒《春秋繁露·阴阳出入上下》："至于中春之月，阳在正东，阴在正西，谓之春分。春分者，阴阳相半也，故昼夜均而寒暑平。"

气候变化

春分节气不仅有天文学上的意义——南北半球昼夜平分，在气候上，也有比较明显的特征：春分时节，除了全年皆冬的高寒山区和北纬45°以北的地区外，我国各地日平均气温均稳定至0℃以上。

此时严寒已经逝去，气温回升较快，尤其是华北地区和黄淮平原，日平均气温几乎与多雨的沿江江南地区同时升达10℃以上，而进入"草长莺飞二月天，拂堤杨柳醉春烟"的春季，也是物候学上真正的春季。辽阔的大地上，小麦拔节，油菜花香，桃红李白迎春黄，而华南地区更是一派暮春景象。

南北降雨不均。 从气候规律说，这时江南的降水迅速增多，进入春季"桃花汛"期；在"春雨贵如油"的东北、华北和西北广大地区降水依然很少。

多风沙。 春分节气，东亚大槽明显减弱，西风带槽脊活动明显增多，内蒙古到东北地区常有低压活动和气旋发展，低压移动引导冷空气南下，北方地区多大风和扬沙天气。

春分雪。 当长波槽东移，受冷暖气团交汇影响，会出现连续阴雨和倒春寒天气。因此华北地区出现春分雪的年份也是有的。宋代苏轼《癸丑春分后雪》诗即云："雪入春分省见稀，半开桃李不胜威。"俗语有"春分雪，闹麦子"，说的是"春分"下雪，对麦子的危害极大，农谚"冬雪宝，春雪草"即是佐证。

农事活动

一场春雨一场暖，春雨过后忙耕田。这时我国大部分地区越冬作物都已进入春季生长阶段，正是春管、春耕、春种的大忙时期，农谚有"春分麦起身，一刻值千金""惊蛰早，清明迟，春分播种正当时""二月惊蛰又春分，种树施肥耕地深"等说法。

植树造林，移花接木。 南朝梁宗懔《荆楚岁时记》载："春分日，民并种戒火草于屋上。有鸟如乌，先鸡而鸣，架架格格，民候此鸟则入田，以为候。"此时也是植树造林、移花接木的好时期，古诗中有"夜半饭牛呼妇起，明朝种树是春分"的说法。明代山东淄川于是日栽植树木，作春酒，酿醋。山西《文水县志》载："春分日，酿酒拌醋，移花接木。"

抗旱，御寒。 在"春雨贵如油"的东北、华北、西北地区，抗御春旱仍是春分时节重要的农事活动。春季少雨的地区要抓紧春灌，浇好拔节水，施好拔节肥，注意防御晚霜冻害。

江南早稻育秧和江淮地区早稻薄膜育秧工作已经开始，早春天气冷暖变化频繁，要注意在冷空气来临时浸种催芽，冷空气结束时抢晴播种。农谚有"冷尾暖头，下秧不愁"，要根据天气情况，争取播后有3~5个晴天，以保一播全苗。

传统习俗

竖蛋。 春分日"竖蛋"是比较有趣的节日习俗之一。春分这天人们通常

选择光滑匀称、刚生下四五天的新鲜鸡蛋，小心翼翼地在桌子上把它竖起来。虽然鸡蛋比较难以竖立，但尝试成功的人也不少。据史料记载，春分竖蛋的传统起源于 4000 年前的中国，人们以此庆祝春天的到来，故有"春分到，蛋儿俏"的说法。

为什么要在春分这一天竖鸡蛋呢？据说，这一天最容易把鸡蛋竖起来，其中还有一些科学道理。有学者分析说，春分是南北半球昼夜均等的日子，呈 66.5 度倾斜的地球地轴与地球绕太阳公转的轨道平面刚好处于一种力的相对平衡状态，很有利于竖蛋。也有人认为，春分正值春季的中间，不冷不热，花红柳绿，人心舒畅，思维敏捷，动作利索，易于竖蛋成功。

要让鸡蛋竖立起来还是有些技巧的。在鸡蛋高低不平的表面有许多凸起，根据三点构成一个三角形和决定一个平面的道理，只要找到三个凸起和由这三个凸起构成的三角形，并使鸡蛋的重心线通过这个三角形，那么这个鸡蛋就能竖立起来了。此外，最好要选择刚生下四五天的鸡蛋，因为此时鸡蛋的蛋黄素带松弛，蛋黄下沉，鸡蛋重心下降，有利于鸡蛋的竖立。

酿酒。 在山西流传着春分日酿酒的习俗。《文水县志》记载："春分日，酿酒拌醋，移花接木。"在山西陵川，春分这天不仅要酿酒，还要用酒、醋祭祀先农，祈求庄稼丰收。造春分酒是山西、北京、天津、河北、山东、浙江等地流行较为广泛的习俗。

吃春菜。 岭南地区春分日有个不成节的习俗，叫作"吃春菜"。"春菜"是一种野苋菜，乡人称之为"春碧蒿"。逢春分那天，全村人都去采摘春菜。在田野中搜寻时，多见是嫩绿的，细细棵，约有巴掌那样长短。采回的春菜一般与鱼片"滚汤"，名曰"春汤"。人们认为："春汤灌脏，洗涤肝肠。阖家老少，平安健康。"一年自春，祈求的还是家宅安宁，身壮力健。

粘雀子嘴。 有的地方春分这一天按习俗每家都要吃汤圆，而且还要把不用包心的汤圆十多个或二三十个煮好，用细竹签穿着置于室外田边地坎，名曰粘雀子嘴，免得雀子来破坏庄稼。

祭日。 古代帝王有春天祭日、秋天祭月的礼制。周礼天子春分日于日坛祭日。《礼记》载："祭日于坛。"孔颖达疏："谓春分也。"到了清代潘荣陛《帝京岁时纪胜》也有记载："春分祭日，秋分祭月，乃国之大典，士民不得擅祀。"

日坛坐落在北京朝阳门外东南日坛路东，又叫朝日坛，它是明、清两代皇帝在春分这一天祭祀大明神（太阳）的地方。朝日定在春分的卯刻，每逢甲、丙、戊、庚、壬年份，皇帝亲自祭祀，其余的年岁由官员代祭。春分祭日虽然比不上祭天与祭地典礼，但仪式也颇为隆重。明代皇帝祭日时，用奠玉帛，礼三献，乐七奏，舞八佾，行三跪九拜大礼。清代皇帝祭日礼仪有：迎神、奠玉帛、初献、亚献、终献、答福胙、撤馔、送神、送燎等九项议程，也很隆重。

春社。 春社是古时春天祭祀土地神的活动，周代为甲日，后多在立春后第五个戊日举行。汉以前只有春社，汉以后始有春、秋二社，约在春分、秋分前后举行。北宋词人晏殊《破阵子》词中有句"燕子来时新社，梨花落后清明"，即可证春社的大致时间。

社日活动以祭土地神为主，又可分为官社和民社。官社庄重肃穆，礼仪繁缛；而民社则充满生活气息，成为邻里娱乐聚会的日子，同时有各种娱乐活动，有敲社鼓、食社饭、饮社酒、观社戏等诸多习俗。到魏晋隋唐后，春社又增加卜禾稼、种社瓜、祈降雨、饮宴等内容，甚为风行。唐代诗人王驾《社日》诗有云："桑柘影斜春社散，家家扶得醉人归。"可想见古时民社的热闹场面。春社除了祭祀土地神以求丰年，还有指导农事、娱乐睦族、宣政教化等作用。

春祭。 我国南方某些地区农历二月春分就开始扫墓祭祖，叫作春祭。扫墓前先要在祠堂举行隆重的祭祖仪式，杀猪、宰羊，请鼓手吹奏，由礼生念祭文，带引行三献礼。春分扫墓开始时，首先扫祭开基祖和远祖坟墓，全族和全村都要出动，规模很大，队伍往往达几百甚至上千人。开基祖和远祖墓扫完之后，然后分房扫祭各房祖先坟墓，最后各家扫祭家庭私墓。大部分客家地区春季祭祖扫墓，都从春分或更早一些时候开始，最迟清明要扫完。各地有一种说法，谓清明后墓门就关闭，祖先英灵就受用不到了。

祭花神。 春分节气前后比较有名的节日是花朝节，俗称"花神节""百花生日""花神生日""挑菜节"。时间因地域的不同或在二月初二，或二月十二，或二月十五。

民间此节有踏青、赏花、扑蝶、拜花神、移花种草等习俗，士族文人也趁着节兴吟诗作赋。另外，民间嫁娶、纳彩、问名等均以此日为吉。

花朝节由来已久，春秋时期的《陶朱公书》中就有记载："二月十二日为百花生日，无雨，百花熟。"民间相传二月十二日是百花的生日，此时阳和景明，百花竞相开放，争奇斗艳，故名。宋朝吴自牧《梦粱录·二月望》记载："仲春十五为花朝节。浙间风俗，以为春序正中，百花争放之时，最堪游赏。"到清代，一般北方以二月十五为花朝节，而南方则以二月十二为百花生日。由于我国南方地区相对北方地区较暖，节日时间比北方提早几天也是合理的。《红楼梦》中就有两个人的生日在二月十二日，一个是"阆苑仙葩"林黛玉，一个是"花气袭人知骤暖"的袭人，可见花朝节对大观园人物生日设置的影响。

饮食养生

春分节气时人体血液正处于旺盛时期，激素水平也处于相对高峰期，此时易发非感染性疾病，如高血压、月经失调、痔疮及过敏性疾病等。膳食总的原则要禁忌大热、大寒的饮食，保持寒热均衡。这段时期也不适宜饮用过肥腻的汤品。过敏体质的人应该少吃海鲜与辛辣刺激之物，少饮白酒。

多吃时令蔬果。 此时吃有养阳功效的韭菜，可增强人体脾胃之气；豆芽、豆苗、莴苣等食材，有助于活化身体生长机能。豆芽最适合春季吃，能帮助五脏从冬藏转向春生，还具有清热的功效，有利于肝气疏通、健脾和胃。食用桑葚、樱桃、草莓等营养丰富的晚春水果，则能润肺生津，滋补养肝。

补肝益肾。 春分时仍应注意养肝，协调肝的阴阳平衡。甘味食物能补肝益肾，如枸杞子、核桃、花生、大枣、桂圆等。还可以泡点菊花茶、薄荷水，能起到清除肝热的作用。而酒会伤肝，春季更不宜饮酒。

清明

气清景名，清洁明净

清 明

[唐] 杜牧

清明时节雨纷纷，路上行人欲断魂。

借问酒家何处有？牧童遥指杏花村。

当太阳到达黄经15°时为清明节气，交节时间在4月4日或5日。《淮南子·天文训》记载，春分后十五日，斗"指乙，则清明风至"。"清明风"即清爽明净之风。《岁时百问》解释说："万物生长此时，皆清洁而明净，故谓之清明。"西汉时的《历书》也说："春分后十五日，斗指丁，为清明，时万物皆洁齐而清明，盖时当气清景明，万物皆显，因此得名。"这就是清明节气的由来。

气候变化

常言道："清明断雪，谷雨断霜。"清明过后，因为气温逐渐升高就很少再下雪了。

北方干燥多风、降水少，南方降雨增多。 清明时北方气温回升很快，降水少，干燥多风，是一年中沙尘天气多的时段。江淮地区冷暖变化幅度较大，雷雨等不稳定降水逐渐增多。长江中下游地区降雨明显增加，除东部沿海外，江南大部地区 4 月平均雨量在 100 毫米以上；如果冷空气偏强，可能出现连续 3 天以上日平均气温小于 10℃的低温阴雨天气。华南地区因地理位置临近海洋，当受冷暖空气交汇形成的锋面影响时，开始出现较大的降水；当遇到热力对流旺盛时，甚至还会有雷暴等强对流天气出现，形成较大的暴雨。

江南地区"清明时节雨纷纷"。 清明在中国古诗词中总是被描写成下雨的，给后人的感觉也一直是多雨的，最为人熟知的有唐朝诗人杜牧的《清明》"清明时节雨纷纷，路上行人欲断魂"，赵令畤的《蝶恋花·欲减罗衣寒未去》"残杏枝头花几许，啼红正恨清明雨"等等，似乎这些都可以证明清明节一定会下雨。然而这些诗词只是记录当时当地的所见，并不能代表绝对规律。清明节气并不只是 4 月 4 日或 4 月 5 日这一天时间，而是从清明这天到谷雨日这期间的 15 天时间都可以称作清明，因而就从时间长短上增加了下雨的概率。

农事活动

清明一到，气温升高，雨水稍多，正是春耕的大好时节，农谚云"清明前后，种瓜种豆""清明谷雨两相连，浸种耕田莫迟疑""清明时节，麦长三节"，催促着人们及时进行春耕春种。此时黄淮地区以南的小麦即将孕穗，油菜已经开花，东北和西北地区小麦也进入拔节期。

防寒防冻。清明虽已进入4月，但天气仍然变化不定，忽冷忽热，时阴时晴，有时可能仍有寒潮出现。忽冷忽热、乍暖还寒的天气对已萌动和返青生长的作物危害很大，因此要注意做好防寒防冻工作。江南地区正是"清明时节雨纷纷"，逐渐增多的水分一般可满足作物生长的需要，但是如果冷空气偏强，可能出现连续3天以上日平均气温小于10℃的低温阴雨天气，日照不足，造成中稻烂秧和早稻死苗，所以水稻播种、栽插要避开"冷尾暖头"。

抗旱灌溉。黄淮平原以北的广大地区，清明时节降水仍然很少，对开始旺盛生长的作物来说，水分常常供不应求，此时的雨水显得十分宝贵，农谚有"清明前后一场雨，胜过秀才中了举"之说。这些地区应注意保墒，及时灌溉，以满足小麦拔节孕穗、油菜抽薹开花需水关键期的水分供应。

传统习俗

踏青。清明时节天气回暖，到处生机勃勃。人们远足踏青，探春、寻春，亲近自然，可谓顺应天时。此时踏青有助于吸纳大自然纯阳之气，驱散积郁的寒气和抑郁的心情，有益于身心健康。

放风筝。清明节还有放风筝的习俗。人们不仅白天放，夜间也放。夜里在风筝下或拉线上挂上一串串彩色的小灯笼，像闪烁的星星，被称为"神灯"。

人们把风筝放上天后，便剪断牵线，任凭清风把它们送往天涯海角，据说这样能除病消灾，给自己带来好运。

植树插柳。清明时节也是植树插柳的好时机。柳在中国人心中有辟邪保平安的功用。佛教认为柳可以驱鬼，柳枝又可度人，观音菩萨的净水瓶和杨柳枝，可以遍洒甘露救人脱难。早年民间求雨时也戴柳条。也有人认为清明时节是柳树发芽抽枝之际，民间的戴柳和插柳活动是为了纪念"教民稼穑"的神农氏。后来的清明节植树最早即源于清明戴柳、插柳。从节令上讲，清明正是北方春回大地万物复苏的季节，非常适合栽种树木。

祭祖扫墓。清明节是我国最重要的祭祀节日之一，是祭祖和扫墓的日子，清代《帝京岁时纪胜》记载："清明扫墓，倾城男女，纷出四郊。"祭扫习俗据传始于古代帝王将相的"墓祭"之礼，后来民间亦相仿效，于此日祭祖扫墓，历代沿袭而成为中华民族一种固定的风俗。

每当清明节来临，在外乡的人们不远千里回到故乡，在逝去亲人的坟头除去杂草，添一把新土，摆上祭祀的果品什物，郑重地拜上一拜。它不仅是人们祭奠祖先、缅怀先人的节日，也是中华民族认祖归宗的纽带。近年来逐渐兴起的清明网上祭扫仪式，不仅为无法回乡祭扫的人们提供了平台，而且相对环保，深受人们喜爱。

饮食养生

清明饮食可选择健脾补肺的食物，如山药等。在汤品调理中，可多用利水渗湿和补益，养血舒筋的药材，如薏仁、黄芪、山药、桑葚、菊花、杏仁等。

加有荞麦、燕麦、薏仁等的五谷粥可益肝、和胃、补虚、除烦去湿，增强抵抗力。此时吃时令野菜可缓解内热及春季干燥引起的出鼻血等症。苦菜、马兰、荠菜、刺儿菜等，大都有凉血止血、清热解毒的功效。

清明节各地特色饮食如下。

馓子。我国南北各地清明节有吃馓子的食俗。"馓子"为一油炸食品，香脆精美，古时叫"寒具"。寒食节禁火寒食的风俗在我国大部分地区已不流行，但与这个节日有关的馓子深受世人的喜爱。现在流行于汉族地区的馓子有南北方的差异：北方馓子大方洒脱，以麦面为主料；南方馓子精巧细致，多以米面为主料。在少数民族地区，馓子的品种繁多，风味各异，尤以维吾尔族、东乡族和纳西族以及宁夏回族的馓子最为有名。

清明果。浙江南部一些地区此时会采摘田野里的棉菜（又称鼠曲草、清明草）拌以糯米粉捣揉，馅以糖豆沙或白萝卜丝与春笋，制成"清明果"蒸熟，其色青碧，有止咳化痰的作用。也有用艾叶等制成的清明果。

螺蛳。清明时节，正是采食螺蛳的最佳时令，因这个时节螺蛳还未繁殖，最为丰满、肥美，故有"清明螺，抵只鹅"之说。螺蛳食法颇多，可与葱、姜、酱油、料酒、白糖同炒；也可煮熟挑出螺肉，可拌、可醉、可糟、可炝，无不适宜。若食法得当，真可称得上"一味螺蛳千般趣，美味佳酿均不及"了。

谷雨

七言诗

[清] 郑板桥

不风不雨正晴和，翠竹亭亭好节柯。

最爱晚凉佳客至，一壶新茗泡松萝。

几枝新叶萧萧竹，数笔横皴淡淡山。

正好清明连谷雨，一杯香茗坐其间。

太阳到达黄经30°时为谷雨节气，交节时间为4月20日或21日。《月令七十二候集解》解释谷雨节气为："三月中，自雨水后，土膏脉动，今又雨其谷于水也……盖谷以此时播种，自下而上也。"谷雨有"有雨百谷生"之意，此时节的雨往往就如诗中所说的"好雨知时节，当春乃发生"，滋润着百谷茁壮成长。

气候变化

谷雨时节，南方的气温升高较快，一般4月下旬平均气温，除了华南北部和西部部分地区外，已达20~22℃，比中旬增高2℃以上。华南东部常会有一二天出现30℃以上的高温，使人开始有炎热之感。冷空气大举南侵的情况比较少了，但影响北方的冷空气活动并不消停。4月底到5月初，气温毕竟要比3月份高得多，基本上已经看不到霜了，故有"清明断雪，谷雨断霜"之说。

气流影响、降雨。谷雨节气，东亚高空西风急流会再一次发生明显减弱和北移，华南暖湿气团比较活跃，西风带自西向东环流波动比较频繁，低气压和江淮气旋活动逐渐增多。4~8月份是一年中强对流天气的高峰期。

谷雨时节，长江中下游、江南一带，降雨开始明显增多，特别是华南，一旦冷空气与暖湿空气交汇，往往形成较长时间的降雨天气，也就进入了一年一度的前汛期。

冰雹、雷暴。云雨中夹裹着的强对流天气，不仅会带来冰雹、雷暴等，有时还会伴随着短时间的、局地的人暴雨或特大暴雨，造成江河横溢和严重内涝，时间较长的暴雨还会引发泥石流、山体滑坡等灾害。

风沙。西北、华北地区是"清明谷雨雨常缺"，晴天多、日照强、蒸发大，空气干，雨水更是贵如油，大风、沙尘天气比较常见。

农事活动

谷雨前后是农作物播种的繁忙时期。长江流域"清明下种,谷雨下秧",黄淮平原"清明早,小满迟,谷雨种棉正当时",华北平原"谷雨前后,种瓜种豆"。

抗旱灌溉。 越冬作物冬小麦、油菜等进入成熟期需要雨水,播下的谷子、玉米、高粱、棉花、蔬菜等,也要有雨水才能根深苗壮,苗壮成长。如果此时降水少,容易造成干旱。对于十年九春旱的地区,采取节水灌溉、实施人工增雨等措施就显得十分重要了。

这时,我国南方大部分地区较为丰沛的雨水,对水稻栽插和玉米、棉花苗期生长有利。四川盆地谷雨前后的降雨,常常"随风潜入夜,润物细无声",这是因为"巴山夜雨"以4、5月份出现得最多。"蜀天常夜雨,江槛已朝晴",这种夜雨昼晴天气,对大春作物生长和小春作物收获是颇为适宜的。

防湿除害。 "谷雨麦怀胎",小麦已孕穗、抽穗,要抓紧施好孕穗肥,防旱防湿,预防锈病、白粉病、麦蚜虫等病虫害。早稻秧苗一般达二三叶期,正是生产管理的关键时期,要及时追施"断奶肥"。对正在结荚的油菜可进行一次叶面喷肥,能促进子粒饱满,可预防油菜"花而不实"。

采茶。 谷雨节气采茶忙。俗语说"清明见芽,谷雨见茶",到了谷雨时节,气温高,芽叶生长快,积累的内含物也较丰富,因此雨前茶往往滋味鲜浓而耐泡。清同治《通山县志》载:"谷雨前采茶,细如雀舌,曰'雨前茶'。"民间此时也是采茶、制茶、交易的好时节。

传统习俗

杀五毒。 谷雨节流行禁杀五毒的习俗。谷雨以后气温升高，病虫害进入高繁衍期，为了减轻虫害对作物及人的伤害，农家一边进田灭虫，一边张贴谷雨帖，进行驱凶纳吉的祈祷。这一习俗在山东、山西、陕西一带十分流行。

谷雨帖，属于年画的一种，上面刻绘神鸡捉蝎、天师除五毒形象或道教神符，有的还附有诸如"太上老君如律令，谷雨三月中，蛇蝎永不生""谷雨三月中，老君下天空，手持七星剑，单斩蝎子精"等咒语。旧时，山西临汾一带谷雨日画张天师符贴在门上，名曰"禁蝎"。陕西凤翔一带的禁蝎咒符，以木刻印制，其上印有咒符："谷雨三月中，蝎子逞威风。神鸡叼一嘴，毒虫化为水……"画面中央雄鸡衔虫，爪下还抓有一只大蝎子。雄鸡治蝎的说法早在民间流传。山东民俗也禁蝎，清代《夏津县志》记："谷雨，朱砂书符禁蝎。""禁蝎"的民俗反映了人们驱除害虫及渴望丰收的愿望。

沐浴。 谷雨时节的河水也非常珍贵。在西北地区，旧时人们将谷雨时的河水称为"桃花水"，传说以它洗浴，可消灾避祸。

走谷雨。 在古时，谷雨之日还有个奇特的风俗，庄户人家的大姑娘小媳妇，无论有没有事，都要挎着篮子到野外走一圈回来，谓之"走谷雨"，寓意走出六畜兴旺的好年成。

食香椿。 北方某些地区谷雨有食香椿的习俗。谷雨前后正是香椿上市的时节，这时的香椿醇香爽口，营养价值高，有"雨前香椿嫩如丝"之说。香椿的嫩叶吃起来清香爽口，具有提高机体免疫力、健胃、理气、止泻、润肤、抗菌、消炎、杀虫等功效。

赏牡丹。 谷雨前后是"花中之王"牡丹花开的时候，因此，又被称为"谷雨花"，民间有"谷雨三朝看牡丹"的说法。到了谷雨时节，牡丹终于感受到了召唤，开出了雍容华贵的花，赏牡丹成为人们闲暇重要的娱乐活动。至今，山东菏泽、河南洛阳、四川彭州多于谷雨时节举行牡丹花会，供人们游乐聚会。

相传武则天隆冬时节在长安游上林苑时，曾命百花同时开放，以助她的酒兴。百花慑于武后的威权，都违时开放了，唯牡丹仍干枝枯叶，傲然挺立。武后大怒，便把牡丹贬至洛阳。牡丹一到了洛阳，立即昂首怒放，花繁色艳，锦绣成堆。因此，天下牡丹以洛阳牡丹最为著名，古语即有"洛阳牡丹甲天下"之说。每当牡丹花会来临，洛阳总要举行盛大的开幕仪式，请名流与会，吟诗作赋。

采茶。 在南方，到了谷雨前后，雨水充沛，加上茶树经冬季的休养生息，使得春梢芽叶肥硕，色泽翠绿，叶质柔软，富含多种维生素和氨基酸。这种茶叶滋味鲜活，香气怡人，所以谷雨是采摘春茶的好时节。

谷雨这天上午采的鲜茶叶做的干茶才算是真正的谷雨茶。传说谷雨当天采的茶喝了有清火、辟邪、明目等功效。所以这天不管是什么天气，人们都会去茶山摘一些新茶留起来自己喝或用来招待贵客。

祭仓颉。"谷雨祭仓颉"，是自汉代以来流传千年的民间传统。陕西白水县有谷雨祭祀文祖仓颉的习俗，届时还会举行叫作"谷雨会"的传统庙会。

传说仓颉是白水人，造字之后，天帝受了感动，特下谷子雨以示酬劳，故有谷雨一节。白水人为纪念这一节日，每年由清明节开始，到谷雨这天为正会，连续十多天庙会热闹非常。会期除演戏、举行祭礼等大型活动之外，周围的农民家家户户都要蒸一大二小三个馍：大的为献馍，上插五颜六色的面花，捧到庙会上摆在其他供品中间。烧香叩拜之后，女主人拔几枝面花给女儿插在头上，谓"谷雨花，头上插，风调雨顺长庄稼"；然后再拿一小馍分给孩子们吃，谓"吃了谷雨馍，消灾能免祸"。

祭海。 对于渔家而言，谷雨节流行祭海习俗。谷雨时节正是春海水暖之时，百鱼行至浅海地带，是下海捕鱼的好日子。为了能够出海平安、满载而归，谷雨这天渔民要祭海，祈祷海神保佑。此俗在今天胶东荣成一带仍然流行。过去，渔家由渔行统一管理，祭海活动一般由渔行组织。祭品为去毛烙皮的肥猪一头，用腔血抹红，白面大饽饽十个，另外还准备鞭炮、香纸等。渔民合伙组织的祭海没有整猪的，则用猪头或蒸制的猪形饽饽代替。旧时村村都有海神庙或娘娘庙，祭祀时刻一到，渔民便抬着供品到海神庙、娘娘庙前摆供祭祀，有的则将供品抬至海边，敲锣打鼓，燃放鞭炮，面海祭祀，场面十分隆重。

饮食养生

低脂肪，少酸辣。 谷雨时节，饮食方面应注意健脾利湿，可适当多吃一些有祛风湿、舒筋骨、补血益气功效的食物，如赤豆、黑豆、山药、鳝鱼等。同时，饮食方面还应考虑低盐、低脂、低胆固醇及低刺激，可选择吃些低脂肪、高维生素、高矿物质的食物，如菠菜、香椿芽等新鲜蔬菜，有醒脾开胃、清热解毒的功效。另外，要少吃酸性食物和辛辣刺激的食物，以免导致肝火旺盛，伤及脾胃。

进补。 谷雨节气前后，脾处于旺盛时期。脾旺则胃强健，因而会使消化功能达到旺盛的状态，有利于营养的吸收，所以此时正是补身的大好机会。但是补要适当，不宜过，此时进补不同于冬天，要适当食用一些有补血益气功效的食物，不仅可以提高体质，还可为安度盛夏奠定基础。

护脾胃。 谷雨节气和清明的最后几天中，脾处于旺盛时期，脾的旺盛会使胃强健起来，使消化功能处于旺盛的状态中。 可是饮食不当却极易使肠胃受损，所以这一时期也是胃病的易发期，应特别注意保护脾胃。

饮湖上初晴后雨二首·其二

苏 轼

水光潋滟晴方好，山色空蒙雨亦奇。

欲把西湖比西子，淡妆浓抹总相宜。

苏轼，字子瞻，号东坡居士，宋朝著名散文家。这是一首赞美西湖美景的诗，也是一首写景状物的诗，写于作者任杭州通判期间。杭州美丽的湖光山色冲淡了作者内心的烦恼和抑郁，也唤醒了他内心深处对大自然的热爱。

立 夏

立夏小满，江河水满。

立夏不下雨，犁耙高挂起。

立夏日晴，必有旱情。

立夏雷，六月旱。

立夏不热，五谷不结。

立夏不下，小满不满，芒种不管。

立夏到夏至，热必有暴雨。

立夏蛇出洞，准备快防洪。

立夏前后，种瓜点豆。

立夏麦龇牙，一月就要拔。

立夏麦咧嘴，不能缺了水。

季节到立夏，先种黍子后种麻。

清明林林谷雨花，立夏前后栽地瓜。

乡村四月

翁 卷

绿遍山原白满川，子规声里雨如烟。

乡村四月闲人少，才了蚕桑又插田。

　　翁卷，字续古，一字灵舒，宋朝著名诗人。这首诗以白描手法绘出江南农村初夏时节的景象。前两句着重写景：绿原、白川、子规、烟雨，寥寥几笔就勾勒出水乡初夏时特有的景色。后两句写人，主要突出在水田插秧的农民形象，从而衬托出"乡村四月"劳动的紧张、繁忙。前呼后应，交织成一幅色彩鲜明的图画。

小 满

小满小满，麦粒渐满。

小满天天赶，芒种不容缓。

麦到小满日夜黄。

小满三日望麦黄。

小满小麦粒渐满，收割还需十多天。

小满割不得，芒种割不及。

小满桑葚黑，芒种小麦割。

麦到小满，稻（早稻）到立秋。

大麦不过小满，小麦不过芒种。

小满有雨豌豆收，小满无雨豌豆丢。

小满节气到，快把玉米套（串）。

小满后，芒种前，麦田串上粮油棉。

村　晚

雷　震

草满池塘水满陂，山衔落日浸寒漪。
牧童归去横牛背，短笛无腔信口吹。

雷震，宋代人。这首诗描绘的是一幅悠然超凡、世外桃源般的画面，无论是色彩的搭配，还是背景与主角的布局都非常协调，而画中之景、画外之声又给人一种恬静悠远的美好感觉。

芒 种

芒种落雨，端午涨水。（湘）

芒种打雷是旱年。（湘、豫）

芒种夏至，水浸禾田。（粤）

芒种怕雷公，夏至怕北风。（桂）

芒种南风扬，大雨满池塘。（湘）

芒种西南风，夏至雨连天。（皖）

芒种刮北风，旱断青苗根。（苏、冀）

芒种雨涟涟，夏至火烧天。（苏、桂、湘）

芒种刮北风，旱情会发生。（湘）

芒种火烧天，夏至雨涟涟。（鄂、湘、桂）

芒种忙，麦上场。

芒种火烧天，夏至水满田。（辽、闽）

芒种芒种，连收带种。

芒种雨涟涟，夏至旱燥田。（赣）

芒种不种高山谷，过了芒种谷不熟。

夏至日作

权德舆

璿枢无停运，四序相错行。

寄言赫曦景，今日一阴生。

权德舆，字载之，唐代文学家。这首诗是夏至所作，描写夏至景象。作者用颇具哲理的话语提示人们，虽此刻正值夏日炎炎，但"璿枢无停运"，秋天很快就要到来。

夏至

夏至闷热汛来早。

夏至雨点值千金。

夏至狗无处走。

冬至鱼生夏至狗。

夏至东风摇，麦子水里捞。

夏至东南风，平地把船撑。

冬至始打霜，夏至干长江。

夏至东风摇，麦子坐水牢。

芒种栽秧日管日，夏至栽秧时管时。

夏至有雨三伏热，重阳无雨一冬晴。

夏至落雨十八落，一天要落七八砣。

夏至风从西边起，瓜菜园中受熬煎。

小暑六月节

元 稹

倏忽温风至，因循小暑来。

竹喧先觉雨，山暗已闻雷。

户牖深青霭，阶庭长绿苔。

鹰鹯新习学，蟋蟀莫相催。

　　元稹，字微之，唐代中晚期诗人。早年和白居易共同提倡"新乐府"，元稹诗作辞浅意哀，仿佛孤凤悲吟，极为扣人心扉，动人肺腑。这首诗描写的是小暑世界暖暖的热风到了，竹子的喧哗声表明大雨即将来临，山色灰暗仿佛已经听到了隆隆的雷声。由于炎热季节的一场场雨，有了门户上潮湿的青霭和院落里蔓生的小绿苔。鹰感阴气，乃生杀心，学习击搏之事；蟋蟀至七月则远飞而在野矣，肃杀之气初生，则在穴感之深则在野而斗。

小 暑

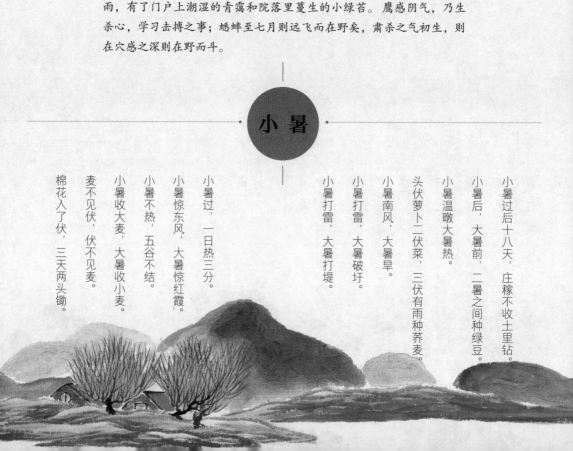

棉花入了伏，三天两头锄。

麦不见伏，伏不见麦。

小暑收大麦，大暑收小麦。

小暑不热，五谷不结。

小暑惊东风，大暑惊红霞。

小暑过，一日热三分。

头伏萝卜二伏菜，三伏有雨种荞麦。

小暑打雷，大暑打堤。

小暑打雷，大暑破圩。

小暑南风，大暑旱。

小暑温暾大暑热。

小暑后，大暑前，二暑之间种绿豆。

小暑过后十八天，庄稼不收土里钻。

大　暑

曾　几

赤日几时过，清风无处寻。

经书聊枕籍，瓜李漫浮沉。

兰若静复静，茅茨深又深。

炎蒸乃如许，那更惜分阴。

曾几，字吉甫，自号茶山居士，南
宋诗人。这首诗对于大暑时节的那种炎
热描述得淋漓尽致，让我们有身临其境
的感觉。

大 暑

大暑大雨，百日见霜。

大暑小暑，淹死老鼠。

大暑热不透，大热在秋后。

大暑不暑，五谷不起。

大暑无酷热，五谷多不结。

大暑连天阴，遍地出黄金。

大暑展秋风，秋后热到狂。

小暑吃黍，大暑吃谷。

小暑怕东风，大暑怕红霞。

小暑大暑，有米不愿回家煮。

小暑不见日头，大暑晒开石头。

小暑大暑不热，小寒大寒不冷。

立夏

小 池

[宋] 杨万里

泉眼无声惜细流，树阴照水爱晴柔。

小荷才露尖尖角，早有蜻蜓立上头。

　　立夏，预示季节的转换，标志着夏季的开始，此时太阳到达黄经45°，交节时间在5月5日或6日。立夏节气在战国末年就已经确立了，古书有云："斗指东南，维为立夏，万物至此皆长大，故名立夏也。"《月令七十二候集解》中解释说："立，建始也。""夏，假也，物至此时皆假大也。"这里的"假"，即"大"的意思，是说春天发芽生长的植物到此已经长大了。立夏时节气温明显升高，雷雨天气增多，农作物生长进入旺季。

气候变化

立夏是一个万物并秀、充满生机的节气，草木生长至此而愈加葱郁、繁盛。全国各地气温大幅度升高，但是南北的气温差异较大，而且同一地区温差波动也较大，易出现"麦秀寒"天气。

按气候学的标准，日平均气温稳定在22℃以上为夏季开始，但是立夏前后，我国只有福州到南岭一线以南地区是真正的"绿树阴浓夏日长"的夏季；而东北和西北的部分地区这时则刚刚进入春季，全国大部分地区平均气温在18～20℃上下，正是"百般红紫斗芳菲"的仲春或暮春时节。

农事活动

立夏的气温和降水都比较适宜农作物的播种和生长，田间劳作也日益繁忙。农谚有"立夏前后种地瓜""立夏种稻点芝麻""立夏芝麻小满谷""立夏前后，种瓜点豆"等，此时许多作物都要播种，农民手忙脚乱忙都忙不过来，甚至是"立夏乱种田"。

古时民间常以立夏日的阴晴测收成，认为立夏有雨则预示庄稼长势良好。民谚有"立夏不下，旱到麦罢""立夏不下雨，犁耙高挂起""立夏无雨，碓头无米""多插立夏秧，谷子收满仓"之说。这时夏收作物进入生长后期，冬小麦扬花灌浆，油菜接近成熟，夏收作物年景基本定局，上半年的收成皆由此时的生长状况而定，故有"立夏看夏"之说。

灌溉、防灾。　立夏前后，华北、西北等地气温回升很快，但降水仍然不多，加上春季多风，蒸发强烈，天气干燥和土壤干旱常严重影响农作物的生长。

尤其是小麦灌浆乳熟前后的干热风更是导致减产的重要灾害性天气。干热风又称"火南风"或"火风"，是一种高温、干燥并伴有一定风力的农业气象灾害，小麦扬花灌浆时若刮干热风，往往使小麦秕粒严重，甚至枯萎死亡，因此适时灌水是抗旱防灾的关键措施。

防寒、追肥。 立夏后是早稻插秧的关键时期，此时若遇到低温天气，栽秧后要立即加强管理，早追肥，早耘田，早治病虫，促进早发。

防湿、除害。 立夏以后，江南正式进入雨季，雨量和雨日均明显增多，连绵的阴雨不仅导致作物的湿害，还会引起多种病害的流行。

小麦抽穗扬花是最易感染赤霉病的时期，若预计未来有温暖但多阴雨的天气，要抓紧在始花期到盛花期喷药防治。南方的棉花在阴雨连绵或乍暖乍寒的天气条件下，往往会引起炭疽病、立枯病等病害的暴发，造成大面积的死苗、缺苗。应及时采取必要的增温降湿措施，并配合药剂防治，以保全苗争壮苗。

除草。 立夏时期还要抓紧田间除草。气候适宜，杂草生长得也快，所谓"一天不锄草，三天锄不了"，因此要"立夏三朝遍地锄"。多锄地既可以除去杂草，又能疏松土壤，减少水分蒸发，对农作物良好生长有十分重要的意义。

传统习俗

斗蛋。 俗语说："立夏胸挂蛋，孩子不疰夏。"疰夏又称"苦夏"，是夏日常见的腹胀厌食、乏力倦怠、眩晕心烦的症状，小孩和体质虚弱者尤易疰夏。

此时民间每家中午都会煮鸡蛋，而且这些鸡蛋一定要完好无损，不能有瑕疵。他们会把煮熟的鸡蛋用冷水泡上一段时间，然后放进事先准备好的丝网袋里面，把这个袋子挂在孩子的脖子上进行斗蛋游戏，就不会疰夏。

斗蛋是孩子们三五成群地进行的娱乐游戏，鸡蛋的尖端为头，圆端为尾，斗蛋时蛋头斗蛋头，蛋尾击蛋尾，这样一个个进行比试，只要蛋破就是输者，蛋头胜者为第一，蛋尾胜者为第二。

称人。古时立夏日还有称人的习俗。人们在村口或台门里挂起一杆大木秤，秤钩悬一条凳子，大家轮流坐到凳子上面称体重。掌秤人一面打秤花，一面对所称的人讲着祝福长寿、结良缘、考取功名等吉利话。

民间相传立夏称人与孟获和刘阿斗的故事有关。据说孟获归顺蜀国之后，遵从诸葛亮的临终嘱托，每年去看望蜀主一次。诸葛亮嘱托之日，正好是立夏，孟获当即去拜阿斗，从此成俗。即使后来晋武帝司马炎灭掉蜀国掳走阿斗，孟获仍不忘丞相嘱托，每年立夏带兵去洛阳看望阿斗，每次去都要称阿斗的体重，以验证阿斗是否被亏待，并扬言如果亏待阿斗，就要起兵反晋。阿斗虽然没有什么本领，但有孟获立夏称人之举，晋武帝也不敢欺侮他，日子也过得清静安乐，福寿双全。这一传说，虽与史实有异，但百姓希望的即是"清静安乐，福寿双全"的太平世界。称人为阿斗带来了福气，人们也祈求上苍给他们带来好运。

迎夏。立夏自古以来就是一个比较隆重的节日。早在西周时，立夏日帝王要率文武百官到京城南郊去"迎夏"，并举行祭祀神农炎帝、火神祝融的仪式。《后汉书·祭祀志》载："立夏之日迎夏，于南郊，祭赤帝祝融，车旗服饰皆赤。"可见，"迎夏"自古以来就是祈求丰收、劝勉农耕的一国之盛事。

迎夏时君臣一律着朱色服，配朱色玉佩，连马匹、车旗都要朱红色的，以祈求丰收、国祚安康。汉承此俗，至宋代仪礼更繁。至明代始有尝新风俗，官廷里"立夏日启冰，赐文武大臣"。冰是上年冬天贮藏的，由皇帝赐给百官。当时颁冰还有献牲祭祀的仪式。明清颁冰在立夏暑伏时节，清代按官阶发给冰票，凭票领取。清代立夏日风俗内容愈丰，其中有祭神、尝新、馈赠、称人、烹新茶等。

住夏。 在安徽、江苏的一些地区，旧时女儿出嫁后的第一个立夏日必须回娘家，称"住夏"。在安徽和州，女儿要一直住到五月初四，端午日才返回婆家。

拜秧节。 拜秧节又叫插秧节，是我国壮族的传统节日，时间在立夏前后的四月初八。当天壮族人民每家每户杀鸡到田头祭拜秧苗，以祈求禾秧苗壮成长。

见新。 自明代流传至今的立夏日见新的习俗，在各地也有所不同。见新，亦即"荐新"，人们把新鲜的时令果蔬祭献给祖先和神明，也有普通人的"尝新"习俗，顾禄《清嘉录》载苏州风俗："立夏日，家设樱桃、香梅、元麦供神享先。名曰'立夏见三新'。宴饮则有烧酒、酒酿、海蛳、馒头、面筋、芥菜、白笋、咸鸭蛋等品为佐，蚕豆亦于是日尝新。"南京的立夏"三新"则是樱桃、青梅和鲥鱼。在无锡，民间有"立夏尝三鲜"的习俗，三鲜又分地三鲜、树三鲜和水三鲜：地三鲜即蚕豆、苋菜、黄瓜；树三鲜即樱桃、枇杷、杏；水三鲜即海蛳、河豚、鲥鱼等。

忌坐门槛。 立夏日还有忌坐门槛之说。在安徽，道光十年《太湖县志》中记载："立夏日，取笋苋为羹，相戒毋坐门坎，毋昼寝，谓愁夏多倦病也。"说是如果这天坐门槛或是白天睡觉，夏天里会疲倦多病。

食鸡蛋、全笋、豌豆。 在某些地方，立夏日中饭是糯米饭，饭中掺杂豌豆。桌上必有煮鸡蛋、全笋、带壳豌豆等特色菜肴。乡俗蛋吃双，笋成对，豌豆多少不论。民间相传立夏吃蛋挂心（"挂"意支撑），因为蛋形如心，人们认为吃了蛋就能使心气精神不受亏损。竹笋成对，是希望人双腿也像春笋那样健壮有力，能涉远路，寓意挂腿。带壳豌豆形如眼睛，古人眼疾普遍，为了消除眼疾，以吃豌豆来祈祷一年眼睛像新鲜豌豆那样清澈，无病无灾。

吃粥、喝茶。 旧时立夏日，乡间有用赤豆、黄豆、黑豆、青豆、绿豆等五色豆拌和白粳米煮成的"五色饭"，后改为倭豆肉煮糯米饭，菜有苋菜黄鱼羹，称为"立夏饭"。

湖南长沙立夏日吃糯米粉拌鼠曲草做成的汤丸，名"立夏羹"，民谚称"吃了立夏羹，麻石踩成坑"。

浙东农村立夏要吃"七家粥"，喝"七家茶"。"七家粥"汇集了左邻右舍各家的米，再加上各色豆子及红糖，煮成一大锅粥，由大家来分食。"七家茶"则是各家带了自己新烘焙好的茶叶，混合后烹煮或泡成一大壶茶，再由大家欢聚一堂共饮。

饮食养生

中医讲求"春夏养阳"，认为五脏之中的心对应夏，所以心为阳脏，主阳气。此季节有利于心脏的生理活动，人在与节气相交之时应顺之，因此夏季养生重在养心。

宜清淡、少油腻。 立夏时节饮食应该以清淡爽口为主。天气逐渐转热对人体造成的不适，更应该少吃辛辣油腻的食物，多吃粥、汤等易于消化的稀食，适当多吃蔬菜、水果和粗粮。

低脂低盐、多维生素。立夏时节应注意养心，此时可多喝牛奶，多吃豆制品、鸡肉、瘦肉等，既能补充营养，又起到强心的作用。膳食调养中，应以低脂、低盐、多维生素、清淡为主。

四时田园杂兴

[宋] 范成大

梅子金黄杏子肥，麦花雪白菜花稀。

日长篱落无人过，惟有蜻蜓蛱蝶飞。

　　小满是一个与农业生产关系十分密切的节气，此时太阳到达黄经60°，交节时间在5月20日或21日。元代吴澄《月令七十二候集解》中这样注解小满："小满，四月中。小满者，物至于此小得盈满。"这里的四月指的是阴历四月，这句话是说夏熟农作物到了阴历四月中旬的时候子粒变得饱满，但并没有完全长成，所以叫"小满"。

气候变化

南北温差缩小。 小满节气此时已是阴历四月中旬，我国大部分地区已经进入夏季，日均温都在 22℃以上，黄河以南到长江中下游地区可能出现 35℃以上的高温天气。从气候特征来看，在小满节气到下一个节气芒种期间，全国各地渐次进入夏季，南北温差进一步缩小，降水进一步增多。

降雨增多。 小满时节北方的冷空气会转移到华南地区，如果南方暖湿气流也强盛的话，那么就很容易在华南一带形成暴雨或特大暴雨，农谚"小满大满江河满"说的就是这个时节南方的降雨状况，要及时防洪防汛。

如果此时干旱少雨，则易出现"小满不满，干断田坎""小满不满，芒种不管"的状况，意思是说小满时如果干旱，田里蓄不满水，就可能造成田坎干裂，甚至芒种时也无法栽插水稻。对于长江中下游地区来说，如果这个阶段雨水偏少，可能是太平洋上的副热带高压势力较弱，位置偏南，意味着到了黄梅时节，降水可能就会偏少。因此有民谚说"小满不下，黄梅偏少""小满无雨，芒种无水"。

农事活动

小满也是适宜水稻栽插的时节，农谚云"立夏小满正栽秧""秧奔小满谷奔秋"，要根据天气及时进行田间劳作，不误农时。

在江南地区小满时节农事劳作十分繁忙，农谚云："小满动三车，忙得不知他。""三车"指的是水车、榨油车和缫丝车。江南蚕乡，小满时节往往三车齐动，踏水、榨油、缫丝一刻也不得闲。人们忙着踏水车引水浇灌；此时收割下来的油菜籽也要用油车舂打成油，等待着估客来贩卖；蚕桑人家，小满前后就要开始摇动丝车缫丝了。《清嘉录》记载："小满乍来，蚕妇煮茧，治车缫丝，昼夜操作。"可见农事之紧迫。

防干热风。 小满节气在麦子乳熟期同样要预防干热风的危害，俗话说"麦怕四月风，风后一场空"，要适时进行浇灌，增强麦子的长势，以抵抗灾害。

通风散气。 小满时节，大棚作物要注意通风散气。由于这个时节的温度比较高，通风散气一定要及时，雨过天晴后，要及时揭开薄膜，降低棚内的温湿度。对于陆地上的蔬菜，要增加肥料，多锄草，还要做好病虫防治工作。

防涝、防虫害。 小满节气时要注意两种果树的防虫害工作：一种是柑橘树，首先要做好柑橘树的保花保果工作，同时还要预防病虫害，尤其是疮痂病和树脂病，以及卷叶蛾的侵袭。注意多排水，不要让果树长时间浸泡在水里，防止涝害和水土流失。第二种就是杨梅树，要在这个时期进行保果工作，同时注意防治病虫害。

畜牧管理。 小满时节对于一些牲畜的管理不能掉以轻心，要抓住这个时节的特点管理好牲畜。兔子小满前后可以进行配胎，保证仔兔安全度夏。兔舍的卫生十分重要，要及时清理。这个时段蚊虫比较多，要做好灭蚊蝇的工作，在饲料中适当添加驱虫剂。

传统习俗

看麦梢黄。 陕西关中地区每当到了麦子快要成熟的时候，出嫁的姑娘都会准时回娘家，问候夏收准备工作进展如何，还会询问麦子的长势情况，俗称"看麦梢黄"。当地也流传着这样一句谚语："麦梢黄，女看娘，卸了杠枷，娘看冤家。"麦收结束之后，母亲还要去看闺女，关心女儿的操劳状况。

烤麦子。 北方的一些地区，小满时节麦将熟时，农民到地里察看麦子的长势，回家后往往会带回一些摘下的半青半黄的麦穗，放在炉火上烤熟后用双手搓掉麦芒和青皮给小孩子吃。烤熟的麦子有一股焦味和香味，嚼起来还有一丝韧劲。在北方，烤麦子成为许多人童年的珍贵回忆，因为它不仅有趣，而且还承载了农民祈求丰收的美好愿望。

荐三新。 小满节气和立夏节气一样也有荐三新的习俗，只是时节不同，三新的内容也不同。《清嘉录》引《震泽志》云："岁既获，即播菜麦，至夏初则摘菜苔以为蔬，舂菜子以为油，斩菜萁以为薪，磨麦穗以为面，杂以蚕豆，名曰'春熟'。郡人又谓之小满见三新。"

祭祀车神。 小满时节有祭祀车神的习俗。古时灌溉在农业生产中尤为重要，但是丘陵山地地区由于地势高灌溉极为不便，人们便发明了水车，能把低处的水引流到高处。

相传汉代时已有了水车的雏形，经过孔明改造后逐渐广泛地运用于农业生产，因此又称孔明车。《宋史·河渠志五》记载："地高则用水车汲引，灌溉甚便。"解决了灌溉难的问题，人们非常感激，于是就有了祭车神的风俗，以此祈求雨水。

传说很久以前的人们都把"车神"看作是一条白色的龙，认为它是龙王的儿子，可以呼风唤雨。因此在小满节气来临时，每家每户都要在车水灌溉之前摆上大鱼大肉和酒，摆上香烛祭拜车神。在这些祭品里面有一个特殊祭品——一杯白水，象征着雨水。人们会在祭拜的时候把这杯水泼到田地里面，希望今年的雨水充足，润泽庄稼。

祭祀蚕神 小满时节也祭祀蚕神。相传蚕神诞生于小满这一天，人们就称这天为祈蚕节。在男耕女织的中国传统社会中，蚕丝是南方地区"织"的重要原料。养蚕在我国南方地区比较盛行，尤其是江浙地区，几乎每家每户都养蚕。由于蚕很难养活，古代把蚕视为"天物"，在小满节气前后放蚕时举行祈蚕仪式，期望蚕神保佑养蚕能有个好收成。这天，养蚕人家会到蚕娘庙供上水果、酒和丰盛的菜肴进行跪拜，尤其要把用面做成的"面茧"放在用稻草扎成的山上，以祈求蚕茧丰收。

民间禁忌

忌不下雨 古时农业生产全靠天吃饭，每当节气来临人们都借此祈求降雨，以求丰年，小满即有"小落小满，大落大满"的谚语。"落"是降雨的意思，小落下小雨，大落下大雨，人们认为此时雨水越多将来收成就越好。其他如"小满不满，芒种莫管""小满不满，麦有一险"等，说的都是若此时小麦生长需要的水分不足，就会干旱，颗粒不饱满，因此收成会受到影响。

忌甲子庚辰 民间认为小满这一天如果赶上了甲子庚辰日，秋收时就会有很多蝗虫光顾，把即将丰收的粮食吃个精光，那样就会颗粒无收。所以人们非常忌讳这一点，在黄历上也有这种说法："小满甲子庚辰日，定有蝗虫损稻苗。"

忌打鼓。 小满这天还有禁忌打鼓响如雷的，认为这样做雨水就不会来临。这一天每家每户无论遇上什么喜事都不能打鼓放歌，因为人们都在期待着雨水的降临，害怕动静太大把雷公电母吓跑。有的地方人们还会聚集在一个比较空旷的地方，虔诚地等待着雨水的降临，雨水一降，大家就会往家里跑，希望讨个好彩头。

饮食养生

小满时节最好吃一些微苦的食物，比如苦瓜。还可常吃具有清利湿热作用的食物，如赤小豆、薏苡仁、绿豆、冬瓜、丝瓜、黄花菜、荸荠、黑木耳、藕、山药等。

宜食苦。 小满节气宜食苦菜，初候即为"苦菜秀"。苦菜又叫苦苦菜，苦中带涩，涩中带甜，新鲜爽口，含有人体所需要的多种维生素、矿物质、胆碱、糖类、甘露醇等，具有清热、凉血和解毒的功效。《本草纲目》记载："（苦苦菜）久服，安心益气，轻身、耐老。"

苦菜也是著名的救荒本草，自古即供作菜蔬，是我国最早食用的野菜之一，《诗经》中就有采摘苦菜的记载。旧时每年春夏青黄不接之时，农民就靠苦菜充饥。

小满时节既可以将苦菜调以盐、醋、辣油或蒜泥等凉拌，也可炒食、熬汤、作馅料等，也有人将苦菜腌制成咸菜，吃起来脆嫩爽口。苦菜不失为一种绝佳的时令美食。

忌油腻，忌辛辣，少吃海鲜。 小满时节，忌食肥腻、生湿助湿的食物，如动物脂肪、海腥鱼类等。 另外也不宜吃生葱、生蒜、生姜、芥末、胡椒、辣椒等酸涩辛辣的食物。 油煎熏烤之物也不宜吃。 敏感体质的人应谨防因吃鱼、虾、蟹等食物过敏而导致的脾胃不和，蕴湿生热。

不宜吃生冷食物。 雨水较多时，痢疾、沙门菌等喜温暖潮湿的肠道致病菌繁殖很快。 此时气温升高，天气炎热，生冷食物成为人们消暑的一种选择。虽然可以暂时缓解炎热，但是不能吃得太多，过度会导致腹痛、腹泻等症状。而且，疾病也容易通过生冷食物传播。

芒种

东风染尽三千顷

横溪堂春晓

[宋] 虞似良

一把青秧趁手青，轻烟漠漠雨冥冥。

东风染尽三千顷，白鹭飞来无处停。

　　当太阳到达黄经 75° 时为芒种节气，交节时间在 6 月 5 日或 6 日，一般在农历的四月底或五月初。《月令七十二候集解》解释芒种为："五月节，谓有芒之种谷可稼种矣。""稼"就是种的意思。"芒种"，"芒"是指禾科的有芒作物，如小麦、大麦等，这些作物一般芒种时成熟可以收割了；"种"是指谷黍类作物的播种，这个时节是播种玉米、豆类、花生、红薯及一些秋熟作物的大好时机。"芒种"也与"忙种"谐音，农作物既要收割又要播种，因此芒种是一年中农民最忙碌的时节。

气候变化

这一时节气温升高明显，在此期间，我国除了青藏高原和黑龙江最北部的一些地区还没有真正进入夏季以外，大部分地区的人们一般来说都能够体验到夏天的炎热。6月份，无论是南方还是北方，都有出现35℃以上高温天气的可能，黄淮地区甚至可能出现40℃以上的高温天气，但一般不是持续性的高温。在台湾、海南、福建、两广等地，6月的平均气温都在28℃左右。

仍有低温。芒种时节虽然气温升高，但不排除有异常的低温天气，连续的降水、冰雹等都有可能造成低温天气。这样的情况在南宋诗人范成大的《芒种后积雨骤冷》诗中已经有所体现："梅霖倾泻九河翻，百渎交流海面宽。良苦吴农田下湿，年年披絮播秧寒。"诗中描绘了梅雨季节阴雨连绵、江河爆满的天气状况，在此情形中，吴地农民冒着冷雨、身披棉絮在田里插秧，足见气温之低。

降水多。降水充沛是芒种时节天气的一大特点。此时我国沿江地区多雨，黄淮平原也即将进入雨季；华南地区东南季风雨带稳定，是一年中降水量最多的时节；长江中下游地区先后进入长达一个多月之久的梅雨季节，雨日多，雨量大，日照少，有时还伴有低温天气；西南地区从6月份也开始进入了一年中的多雨季节，高原地区冰雹天气开始增多。

梅雨时节。芒种前后，长江中下游地区连绵阴沉的多雨天气称为"梅雨"，因其正值江南梅子黄熟时节，故名。古诗词"梅熟迎时雨""黄梅时节家家雨""丝丝梅子熟时雨""梅子黄时雨"等即可为证。

梅雨季节里，空气非常潮湿，天气异常闷热，各种器具和衣物容易发霉，所以人们又形象地称之为"霉雨"。我国南方流行的谚语"雨打黄梅头，四十五日无日头"，描述的就是这种天气状况。人们把梅雨开始之日称为"入梅"，结束之日称为"出梅"，一般为6月上旬到中旬入梅，7月上旬到中旬出梅，出梅后盛夏开始。

农事活动

对于我国大部分地区来说，芒种至夏至日这半个月是秋熟作物播种、移栽、苗期管理和夏熟作物的成熟收获时期，是一年中农活最忙碌的时节，此时夏熟作物已经成熟就要收割了，夏播秋收的作物也要播种，春种尚未成熟的庄稼还要田间管理，收、种、管交叉，样样都要忙。

长江流域是"栽秧割麦两头忙"，华北地区是"收麦种豆不让晌"，广东是"芒种下种、大暑莳（莳指移栽植物）"，贵州农谚也有"芒种不种，再种无用"之说，福建地区是"芒种边，好种籼；芒种过，好种糯"等。从以上农谚可以看出，芒种时节我国从南到北都在忙收、忙种了，农事活动已经进入高潮。

东北区：冬、春小麦灌水追肥。稻秧插完。谷子、玉米、高粱、棉花定苗。大豆、甘薯完成第一次铲耥。高粱、谷子、玉米两次铲耥。棉花打叶，水稻锄草，准备追肥，防治病虫害，做好防雹工作。

华北区：一般麦田开始收割。夏收夏种同时抓紧。加强棉田管理，治蚜，浇水，追肥。

西北区：冬小麦防治病虫。春玉米浇水，中耕，锄草，追肥。谷子中耕锄草，间苗。糜子播种，查苗，补苗。

西南区：抢种秋作物，及时移栽水稻。抢晴收获夏熟作物。随收，随耕，随种。

华中区：抢晴收麦，选留麦种。抢种夏玉米、夏高粱、夏大豆、芝麻等。中稻追肥，发棵末期结合耘耥排水烤田。加强单季晚稻管理，认真除杂。

华南区：早稻追肥，中稻耘田追肥。晚稻播种，早玉米收获，早黄豆收获，晚黄豆播种。春、冬植蔗，宿根蔗中耕追肥，小培土，防治蚜虫。

抢收小麦。 小麦的成熟期短，收获的时间性强，因此天气的变化对小麦最终产量的影响极大。农谚"小满赶天，芒种赶刻""麦熟一晌，虎口夺粮"等充分体现了芒种时节农作物收割刻不容缓的紧张状况。麦收时节要警惕异常天气，"麦黄西南风，麦收一场空"，时刻关注天气，根据气象预报安排好抢收时间。

北方地区为了抢收小麦，农民凌晨三四点就要起床下地，一直到午饭时刻方回。吃完中饭稍微歇晌之后又要顶着酷热在田间挥舞镰刀。头顶是火辣辣的太阳，身边是金黄的麦子，焦灼的土地等待着收获……此刻只有在烈日下挥汗如雨地劳作，方能真切体会到"谁知盘中餐，粒粒皆辛苦"的艰辛，才能更加提醒人们粮食的来之不易。

夏播。"春争日，夏争时。"一般而言，夏播作物播种期以麦收后越早越好，以保证到秋前有足够的生长期。大量的试验和生产实际表明，夏大豆、夏玉米、夏甘薯等作物的产量均随播（栽）期的推迟而明显降低，播（栽）期过迟的甚至不能成熟。麦收以后应抓紧抢种抢栽，时间就是产量，即使遇上干旱，也要积极抗旱造墒播种，切不可消极等雨，错过时机。

防气象灾害。 芒种时节大风、暴雨、冰雹等极端天气时有发生，这对农作物的收割是个极大的挑战。

农谚云："麦收有三怕：雹砸、雨淋、大风刮。"此时若遇到以上极端天气，很容易使麦株倒伏、落粒、穗上发芽霉变，造成"烂麦场"，使麦子不能及时收割、脱粒和贮藏，一季的辛苦劳作毁于一旦。

防汛抗涝。芒种时节，水稻、棉花等农作物生长旺盛，需水量多，适中的雨量对农业生产十分有利，民间即认为芒种日得雨主丰稔，因此有"芒种无雨，山头无望"之说。梅雨季节过迟或梅雨过少甚至"空梅"的年份，农作物会受到干旱的威胁。但若梅雨过早、雨日过多、长期阴雨寡照，对农业生产也有不良影响，尤其是雨量过于集中或暴雨，还会造成洪涝灾害。在"样样都忙"的芒种之时，防汛抗灾工作千万不可放松。

传统习俗

送花神。古时"送花神"是芒种时节最为盛大的活动。芒种时已是阳历六月，此时百花凋零，枝上绿肥红瘦，地上落英缤纷。民间多在芒种日举行祭祀花神的仪式，把二月十二花朝节上迎来的花神饯送归位，表达对花神的依依惜别之情，盼望来年再次相会。

《红楼梦》第二十七回"滴翠亭杨妃戏彩蝶，埋香冢飞燕泣残红"中关于芒种祭祀花神有一段记载，可证当时风俗之盛："至次日乃是四月二十六日，原来这日未时交芒种节。尚古风俗：凡交芒种节的这日，都要设摆各色礼物，祭饯花神，言芒种一过，便是夏日了，众花皆卸，花神退位，须要饯行。然闺中更兴这件风俗，所以大观园中之人都早起来了。那些女孩子们，或用花瓣柳枝编成轿马的，或用绫锦纱罗叠成干旄旌幢的，都用彩线系了。每一颗树上，每一枝花上，都系了这些物事。满园里绣带飘摇，花枝招展，更兼这些人打扮得桃羞杏让，燕妒莺惭，一时也道不尽。"此虽是小说中言语，不可尽信，但某种程度上仍可见当时大户人家芒种时节饯别花神的热闹场面。凋谢的花儿或落在地上化为泥尘，或随风而起不知所终，真真是"明媚鲜妍能几时，一朝漂泊难寻觅"，让人愁肠百结。闺中女儿伤春惜春，然而心思奇巧如黛玉者"一抔净土掩风流"，芒种节葬了落花，便是把整个逝去的春天都埋葬了。

栽秧会。栽秧会一般在芒种与夏至间的农历五月份举行，这一节日习俗主要流行于我国云南的白族地区。在农活繁忙的芒种季节，当地往往几十户人家甚至整个村子的人自愿结合起来集体插秧。插秧的第一天称为"开秧门"，常要举行庄严而欢愉的仪式，众人互相吟唱祈求丰收的调子，在唢呐和锣鼓的喧闹中开始繁忙的田间劳动。

安苗。安徽皖南还有芒种节安苗的农事习俗。每当芒种时节种完水稻，为祈求秋天有个好收成，当地家家户户都会举行安苗祭祀活动。人们用新磨的麦面蒸发包，并把面捏成五谷六畜、瓜果蔬菜等形状，然后用蔬菜汁染上颜色，作为祭祀供品，以求五谷丰登、村民平安。

端午节

芒种时节又常常逢着端午节，因此五月初五成为这一节气中重要的节日。端午节包粽子相传是为了纪念屈原。战国末期楚国诗人屈原在五月初五这天怀着一腔悲愤抱石自沉于汨罗江，他生前屡被谗言所误而逐渐遭到君王疏远，一身爱国之情无以抒展，只得以身殉国。屈原投江后人们为了避免其遗体被鱼虾所食，便把米饭投入水中让鱼虾争食，后来发展为粽子，以此纪念他的忠贞爱国。

赛龙舟。 在南方多江河的地区，人们也通过划龙舟来纪念屈原或者祭祀龙神，经过历代的补充逐渐演变成声势浩大的划龙舟比赛。沈从文小说《边城》里就多次描绘了湘西地区端午节赛龙舟的盛况："（端午日）大约上午十一点钟左右，全茶峒人就吃了午饭，把饭吃过后，在城里住家的，莫不倒锁了门，全家出城到河边看划船。……每只船可坐十二个到十八个桨手，一个带头的，一个鼓手，一个锣手。桨手每人持一支短桨，随了鼓声缓促为节拍，把船向前划去。"

　　喝雄黄酒。 南方有些地区端午节这天还要喝雄黄酒，或者把雄黄蘸酒涂抹在小孩的额头画一个"王"字，用来辟邪。人们也会在门口悬挂艾蒿、菖蒲，或者佩戴五彩丝线、屋角撒石灰等来驱蚊虫，镇邪驱毒。民间俗称阴历五月为"毒月""恶月"，因为此时正当初夏，毒虫滋生，疾病容易传播，需要驱毒。端午节所驱的毒一般指"五毒"，即蛇、蝎、蜈蚣、蜥蜴和癞蛤蟆。

　　斗百草。 端午节还有兰草汤沐浴、"斗百草"等活动也广为人们所喜爱。南朝梁代宗懔的《荆楚岁时记》载："五月五日，谓之浴兰节。荆楚人并踏百草，又有斗百草之戏。"端午时值初夏，是皮肤病多发季节，古人认为以兰草汤沐浴可以祛除污垢，使人清洁不生病。斗百草是流行于妇女和儿童之间的一种游戏，有"文斗"和"武斗"之分。"文斗"法是采摘花草，互相比试谁采的花草种类最多，并说出花草的名字，多者为胜。"武斗"则是比试草茎的韧性，两人将草茎交结在一起，各持己端向后拉扯，以断者为负。端午节各地的习俗不一而足，无不表达着人们的美好愿望。

饮食养生

饮食宜以清补为主。芒种期间暑气湿热，因此要多食蔬菜、豆类、水果，如菠萝、苦瓜、西瓜、荔枝、芒果、绿豆、赤豆等。这些食物含有丰富的维生素、蛋白质、脂肪、糖等，可提高机体的抗病能力。

清淡为主。芒种时节应多吃具有祛暑益气、生津止渴的食物，如荷叶粥、莲子粥、绿豆粥等。也可常喝黄花菜熬制的汤水，它性味甘凉，有消炎、清热、利湿、消食、明目、安神等功效。

吃时令水果。桑葚是芒种时令里的水果，其果实中含有丰富的葡萄糖、胡萝卜素、维生素、钙、磷、铁、铜、锌等营养物质，具有补肝益肾、生津润肠、乌发明目、延缓衰老等功效，食用桑葚可有效缓解芒种时节天气闷热所引起的头晕目眩、烦躁失眠、口干口渴、体内湿热等症状。成熟的桑葚味甜汁多，酸甜适口，深得人们喜爱。但桑葚中含有过敏物质及透明质酸，过量食用后容易发生溶血性肠炎，因此不宜多吃。而且桑葚含糖量高，糖尿病病人应忌食。

竹枝词

[唐] 刘禹锡

杨柳青青江水平，闻郎江上踏歌声。

东边日出西边雨，道是无晴却有晴。

夏至是二十四节气中最早被确定的节气之一，此时太阳到达黄经90°，交节时间在 6 月 21 日或 22 日。陈希龄《恪遵宪度》（抄本）："日北至，日长之至，日影短至，故曰夏至。至者，极也。"夏至这天，太阳直射地面的位置到达一年中的最北端，几乎直射北回归线，北半球的白昼达到最长，且越往北昼越长。夏至以后，太阳直射地面的位置逐渐南移，北半球的白昼日渐缩短。

气候变化

天文学上认为，夏至为北半球夏季的开始。夏至过后，北半球白昼将会越来越短，古人认为是阴气初动，所以称"夏至一阴生"，但由于太阳辐射到地面的热量仍比地面向空中散发的多，热量收入低于支出，所以夏至还不是一年中最热的时节。在此后的一段时间内，气温将持续升高，直至伏天最热的时候，民间有"夏至不过不热"的说法。

夏至以后地面受热强烈，空气对流旺盛，午后至傍晚常易形成雷阵雨。这样的雷阵雨往往雨势迅猛，来得快去得也快，降雨范围小，而且临近地区晴雨可能不同，经常出现"东边日出西边雨"的情况，人们称之"夏雨隔田坎""夏雨隔牛背"。

长江中下游和江淮一带夏至时节正值"梅雨"，这时空气非常潮湿，冷、暖空气团在这里交汇，并形成一道低压槽，导致阴雨连绵的天气。

农事活动

我国民间把夏至后的15天分成3"时"，一般头时3天，中时5天，末时7天。这期间我国大部分地区气温较高，日照充足，农作物生长旺盛，需水量大。高原牧区则开始了草肥畜旺的黄金季节。此时的降水对农业产量影响很大，有"夏至雨点值千金"之说。《荆楚岁时记》中记载："六月必有三时雨，田家以为甘泽，邑里相贺。"即见此时雨水的重要性。正常年份，这时长江中下游地区和黄淮地区降水一般可满足作物生长的要求。

田间管理。夏至时的农事劳作主要是田间管理，同时夏播工作要抓紧扫尾。及时灌溉施肥，为农作物补充水分和养分。天气湿热，杂草也迅速蔓延，要加强锄草，防止杂草与农作物争水、争肥。农谚就有"夏至棉田快锄草，不锄就如毒蛇咬"之说。已播种的作物要加强管理，出苗后应及时间苗定苗，移栽补缺。雨水多的地区要做好田间清沟排水工作，防止涝渍和暴风雨的危害。

防洪、抗旱。夏至节气时，华南西部雨水量显著增加，如有夏旱，一般这时可望解除。近三十年来，华南西部6月下旬出现大范围洪涝的次数虽不多，但程度比较严重。因此，要特别注意做好防洪准备。

夏至节气是华南东部全年雨量最多的节气，往后常受副热带高压控制，出现伏旱。为了增强抗旱能力，夺取农业丰收，在这些地区，抢蓄伏前雨水是一项重要措施。

传统习俗

瞧夏。民间某些地区夏至日或六月六有"望夏""瞧夏"的习俗，此日姻亲间多相互问馈。河南《偃师县风土纪略》云："六月六日……新婿也于是日携妇探亲，谓之'望夏'。"山西《安泽县志》记载："麦秋后，人家用新麦面蒸馍，作莲花、如意、蜗牛各形，亲友互相过从馈送，名曰'看夏'。盖取尝新之义也。"河南《洛宁县志》云："六月登麦后，具油食、果品之属行视姻戚家，谓之'瞧夏'。"我国有些地区，此日多有未成年的外甥和外甥女到娘舅家吃饭，舅家必备苋菜和葫芦做菜，说吃了苋菜，不会发痧，吃了葫芦，腿里就有力气。也有的到外婆家吃腌腊肉，说是吃了就不会疰夏。

互赠折扇、脂粉。夏至时节天气炎热，古代妇女们于此时互相赠送折扇、脂粉等什物，寓意消夏避伏。唐代《酉阳杂俎·礼异》载："夏至日，进扇及粉脂囊，皆有辞。"古人赠扇子，借以生风、生凉；用粉脂涂抹，则可以散发体内所生的浊气，防生痱子。

漠河看极光。 黑龙江漠河县有一年一度的夏至旅游节。漠河县是我国纬度最高的县，由于纬度高，漠河地区在夏至时节产生难得一见的极昼现象，时常有北极光出现，因此人们称之为"中国的不夜城""极光城"。漠河白夜产生在每年夏至前后的9天中，即6月15~25日期间。此时漠河多出现晴空天气，是人们旅游观光的最佳季节。

祭地神、祭祖。 夏至日又称夏至节，是一个上至官方下至民间都十分重视的节日。古时帝王要在这天祭祀地神，《周礼·春官》载："以夏日至，致地示物魅。"夏至祭神，意为清除荒年、饥饿和死亡。《史记·封禅书》引《周官》说："……夏日至，祭地祇。皆用乐章，而神乃可得而礼也。"至清代夏至大祀方泽仍为国之大典。

民间此日也要祭神祀祖，因为夏至正值麦收之后，人们通过祭祀上苍和先祖来庆祝丰收，祈求消灾年丰。夏至前后，有的地方举办隆重的"过夏麦"，系古代"夏祭"活动的遗存。

民间食俗

吃面。 自古以来，中国民间就有"冬至馄饨夏至面"的说法，夏至吃面是很多地区的重要习俗，《帝京岁时纪胜》载："京师于是日（夏至）家家俱食冷淘面，即俗说过水面也。乃都门之美品。"说的即是清朝北京夏至吃面的习俗。

南北各地的面条种类不一，南方有阳春面、干汤面、肉丝面、三鲜面、过桥面及麻油凉拌面等，而北方则是打卤面和炸酱面。因夏至麦子已经收割，所以磨麦吃面也有尝新的意思。夏至过后，白昼将会越来越短，因此民间有"吃过夏至面，一天短一线"的说法。

吃圆糊醮。 有些地区也有夏至吃圆糊醮的，民谚云："夏至吃了圆糊醮，踩得石头咕咕叫。"醮坨由米磨粉做成，加韭菜等佐料煮食，又名圆糊醮。以前，很多农户将醮坨用竹签穿好，插于每丘水田的缺口流水处，并燃香祭祀，以祈丰收。

吃狗肉、荔枝。 夏至日吃狗肉和荔枝，是岭南一带特别是广西的钦州、玉林等地有名的节日习俗。玉林甚至还有民间自发形成的"狗肉节"，有"冬至鱼生夏至狗"之说。

夏至这天，豪爽好客的玉林市民准备好美酒佳肴，呼朋唤友聚在一起热热闹闹地欢度夏至。荔枝湿热，狗肉上火，两者加到一块吃无异于火上浇油，然而当地人却认为二者合着吃是"红红火火、旺上加旺"。还有人认为夏至日狗肉和荔枝合吃不热，故夏至吃狗肉和荔枝的习惯延续至今。俗语说"吃了夏至狗，西风绕道走"，大意是人只要在夏至日这天吃了狗肉，身体就能抵抗寒冷西风的入侵。正是基于这一良好愿望，成就了"夏至狗肉"这一独特的民间饮食文化。

吃麦粽、薄饼、馄饨等。 江南夏至食俗一般有麦粽、角黍、李子、馄饨、汤面等。《吴江县志》载："夏至日，作麦粽，祭先毕，则以相饷。"不仅食麦粽，而且也将麦粽作为礼物，互相馈赠。

夏至日，农家还擀面为薄饼，烤熟，夹以青菜、豆荚、豆腐及腊肉等，祭祖后食用，俗谓"夏至饼"，或分赠亲友。

无锡等地夏至风俗：早晨吃麦粥，中午吃馄饨，取"混沌和合"之意。有谚语云："夏至馄饨冬至团，四季安康人团圆。"吃过馄饨，要给孩童称体重，希望小孩体重增加身体健康。

饮食养生

吃凉面。夏至时节吃面最切合时宜了，这个习俗从古流传至今。北京人在夏至时节更讲究吃面。按照老北京的风俗习惯，每年一到夏至节气就可以大啖生菜、凉面了，因为这个时候气候炎热，吃些生冷之物可以降火开胃，又不至于因寒凉而损害健康。南北方各色的面食种类繁多，无论是凉面、担担面、红烧肉面，还是炸酱面等，都适合夏日里食用。

吃肉、鱼、蛋。进入夏至，天气已经非常炎热，而暑热最使人伤津耗气，加之体表毛细血管扩张，血液大部分集中于体表，胃肠血液相对不足，易使老弱者消化不良，食欲减退。所以，老弱者在夏至以后应多吃清暑益气、生津、易消化的食物，如紫菜汤、莲子粥、绿豆粥等。但饮食也不能过于清淡，因为随着汗水排出的除了水和盐之外，还有大量的蛋白质和维生素，特别是钙和锌也会随汗液排出来，老弱者夏至之时适当吃些瘦肉、鱼类、蛋类也是很有必要的。

饮食禁忌

宜清淡。"药王"孙思邈主张"常宜轻清甜淡之物，大小麦曲，粳米为佳"，又说"善养生者常须少食肉，多食饭"。夏至时节在强调饮食清补的同时，勿过咸、过甜，宜多吃具有祛暑益气、生津止渴的食物。绿叶菜和瓜果类等水分多的蔬菜水果都是不错的选择，如白菜、苦瓜、丝瓜、黄瓜等，都是很好的健胃食物。当然，饮食也不能过于清淡。

宜食苦。夏季阳气盛于外。从夏至开始，阳极阴生，阴气居于内，所以在夏至后饮食要以清泄暑热、增进食欲为目的，因此要多吃苦味食物，如苦瓜、苦菜、苦荞麦、苦杏仁、蒲公英等。炎热的夏季，人体脾胃功能较差，食欲不振。中医认为，苦能泄热，不仅能调节人体的阴阳平衡，还能防病治病，故有"十苦九补"的说法。科学研究也发现，苦味食物中含有氨基酸、维生素、生物碱等，具有抗菌消炎、解热、舒张血管、防癌抗癌等作用，并可促进胃酸的分泌，增加胃酸浓度，从而增加食欲。此外，带苦味的食品中均含有一定的可可碱和咖啡因，食用后可产生醒脑和舒适轻松的感觉，有利于人们从夏日热烦的心理状态中松弛下来，恢复精力。

宜食碱性食物。夏至时宜食碱性食物，可保证人体正常的弱碱性。碱性饮品有新鲜蔬菜的榨汁、大部分水果鲜榨汁等。它们除了增高体内碱性，还供给各种营养素，包括多种维生素、矿物质、酶、抗氧化剂、纤维素等。夏至保健也可适当地吃些生姜。俗话说"饭不香，吃生姜""冬吃萝卜，夏吃姜""早上三片姜，赛过喝参汤"，都是对生姜所具有的营养价值和食疗作用的精辟概括。夏季暑热，多数人食欲不振，而生姜有利于食物的消化和吸收，对于防暑度夏有一定益处。

饮食不可过寒。从阴阳学角度看，夏月伏阴在内，饮食不可过寒，如清代叶志诜在《颐身集》中所说："夏季心旺肾衰，虽大热不宜吃冷淘冰雪，蜜水、凉粉、冷粥。饱腹受寒，必起霍乱。"心旺肾衰，即外热内寒之意，因其外热内寒，故冷食不宜多吃，少则犹可，贪多定会寒伤脾胃，令人吐泻。西瓜、绿豆汤、乌梅小豆汤，虽为解渴消暑之佳品，但不宜冰镇食之。

夏日南亭怀辛大

〔唐〕孟浩然

山光忽西落，池月渐东上。

散发乘夕凉，开轩卧闲敞。

荷风送香气，竹露滴清响。

欲取鸣琴弹，恨无知音赏。

感此怀故人，中宵劳梦想。

太阳到达黄经105°时交小暑节气，时间在7月7日或8日。小暑是一个体现天气炎热程度的节气，"小"说明天气还不是最热。宋代《月令解·卷五》解释小暑说："小暑为六月节者，此见暑之渐也。"俗语也有"小暑不算热，大暑三伏天"的说法。

气候变化

《月令七十二候集解》引《说文》曰："暑，热也。就热之中分为大小，月初为小，月中为大，今则热气犹小也。"这时我国大部分地区开始进入一年中最热的时期，以高温、湿热天气为主。到 7 月中旬，华南、东南低海拔河谷地区，日平均气温可高于 30℃，日最高气温高于 35℃。

入伏。 一般情况下小暑节气的标志为入伏和出梅。"入伏"是进入伏天的意思，"出梅"是指江南梅雨结束。

从夏至日后的第三个庚日起就进入我国一年中最热的"三伏"时节了，小暑节气一般在初伏左右。古人认为此时阴气将起却迫于残留的阳气而不得出，所以叫"伏"，而人们迫于炎热也"隐伏避盛暑"。

我国把夏至后第三个庚日起的十天称为头伏（初伏），第四个庚日起的十天（有时为二十天）称为中伏（二伏），立秋后第一个庚日起的十天称为末伏（三伏），"三伏"共三十天或四十天。每年入伏的时间不固定，中伏的时间长短也不相同，需要查历书计算。俗以小暑日为断霉之日，到此黄梅天已过，无蒸湿之患。

空气运动。 入伏后，地表湿度变大，每天吸收的热量多，散发的热量少，地表层的热量累积下来，所以一天比一天热。进入三伏，地面积累热量达到最高峰，天气就最热。另外，夏季雨水多，空气湿度大，水的热容量比干空气要大得多，这也是天气闷热的重要原因。七八月份副热带高压加强，在"副高"的控制下，高压内部的下沉气流使天气晴朗少云，有利于阳光照射，地面辐射增温，天气就更热。

农事活动

虽然小暑时节暑热蒸腾让人感觉很不舒适，但是此时炎热的天气对农作物生长有很大的帮助，汉代崔寔《农家谚》有云："六月弗热，五谷弗结。"《清嘉录》也说："俗又以三伏日宜热，谚云：'六月不热，五谷弗结'。"所以农家往往一边抱怨太热一边又盼望天气再热些，好满足庄稼的生长需求。

田间管理。 小暑前后，除东北与西北地区收割冬、春小麦等作物外，农业生产上主要是田间管理，一方面还是锄草、施肥。农谚云："小暑连大暑，锄草防涝莫踟蹰。"此时早稻处于灌浆后期，早熟品种大暑前就要成熟收获，要保持田间干湿适宜。中稻已拔节，进入孕穗期，应根据长势追施穗肥。单季晚稻要及早施好分蘖肥。双晚秧苗要防治病虫。另外，盛夏高温是蚜虫、红蜘蛛等多种害虫盛发的季节，适时防治病虫是田间管理上的又一重要环节。

蓄水防旱。 小暑开始，长江中下游地区一般为副热带高压控制，高温少雨，常常出现"伏旱"天气，对农业生产影响很大，及早蓄水防旱十分重要。农谚云："伏天的雨，锅里的米。"这时如果有雷雨，热带风暴或台风带来的降水虽对水稻等作物生长十分有利，但有时也会给棉花、大豆等旱作物及蔬菜造成不利影响。

传统习俗

伏日祭祀。 伏日祭祀，远在先秦已见著录。古书上说，伏日所祭，"其帝炎帝，其神祝融"。炎帝传说是太阳神，祝融则是炎帝玄孙火神。传说炎帝叫太阳发出足够的光和热，使五谷孕育生长，从此人类不愁衣食。人们感谢他的功德，便在最热的时候纪念他。因此就有了"伏日祭祀"的传说。

天贶节。 六月初六是小暑节气里一个比较重要的节日，关于此日习俗有许多种说法。这天被称为"天贶节"。据史书记载，此节始于宋代哲宗朝。"贶"即"赐"，即天赐之节。此日皇帝向群臣赐冰麨和炒面，因为皇帝是九五之尊，故称天贶。《晋书·乐志上》："天贶来下，人祇动色，抑扬周监，以弘雅音。"

史料记载，宋真宗耻于屈辱的澶渊之盟，想要借天瑞封禅于泰山等地，以慑服民众、威震四方。于是假托梦见神明，神明于正月、六月两次降天书于京师、泰山。大中祥符四年（公元 1011 年），宋真宗下诏定第二次降天书的六月六日为天贶节，并于岱庙修筑天贶殿。这天京师要禁屠，皇帝亲率百官行香于上清宫。

百索子撂上屋。 六月六的民俗还有"百索子撂上屋"。相传牛郎和织女被银河分隔在两岸，一年中只有七月初七这一天可以相会。但在他们中间却横阻着一条银河，又没有渡船，所以六月六这一天，天下的儿童多要将端午节戴在手上的"百索子"撂上屋让喜鹊衔去，在银河上架起一座像彩虹一样美丽的桥，以便牛郎和织女相会。此俗寄予了人们渴望有情人成眷属的浪漫美好的愿望。

晒伏、晒经。 相传六月六还是龙宫晒龙袍的日子，这天皇宫里的全部銮驾要陈列出来曝晒，宫内的档案、实录、御制文集等，也要摆在庭院中通风晾晒。

民间则在此日晒各种各样的物品。气温高，日照时间长，阳光辐射强的天气里很适合晒东西。如果天气晴好，家家户户都会不约而同地选择这一天"晒伏"，就是把存放在箱柜里的衣服、书籍等晾到外面接受阳光的曝晒，以去潮，去湿，防霉防蛀。

寺庙里也要拿经书出来晒，俗称"晒经"。各地大大小小的寺庙道观会在这一天举行"晾经会"，把所存经书统统摆出来晾晒，以防经书潮湿、虫蛀鼠咬。

煮麦仁汤给牛喝。天气酷热，动物也需要"优待"。在古代农耕社会中，牛是最重要的生产工具，因此被看得十分重要。北方一些地方习惯在伏日煮麦仁汤给牛喝，说是牛喝了身子壮，能干活，不淌汗。俗语说："春牛鞭，舐牛汉（公牛），麦仁汤，舐牛饭，舐牛喝了不淌汗……"

民间食俗

吃饺子。俗语说："头伏饺子，二伏面，三伏烙饼摊鸡蛋。"头伏吃饺子是传统习俗，伏日人们食欲不振，往往比常日消瘦，俗谓之"苦夏"。而饺子在传统习俗里正是开胃解馋的食物。

吃伏羊。江苏徐州人入伏吃羊肉，称为"吃伏羊"，据说这种习俗可追溯到尧舜时期。在民间有"彭城（即今徐州）伏羊一碗汤，不用神医开药方"的说法。当地还有"六月六接姑娘，新麦饼羊肉汤"之说。

吃汤面。伏日吃面习俗至少三国时期就已开始了。东晋史家孙盛撰写的《魏氏春秋》记载："伏日食汤饼，取巾拭汗，面色皎然。"这里的汤饼就是热汤

面。《荆楚岁时记》也记载："六月伏日食汤饼，名为辟恶。"

吃过水面和炒面。 伏天还有吃过水面和炒面的习俗。所谓炒面是用锅将面粉炒干炒熟，然后用水加糖拌着吃。这种吃法汉代已有，唐宋时更为普遍，不过那时是先炒熟麦粒，然后再磨成面食之。人们认为夏季吃炒面可解烦热、止泄。

饮食养生

小暑时节养生仍要"养心"。心为五脏六腑之首，有"心动则五脏六腑皆摇"之说，心脏的养护尤为重要。天气炎热，人们躁动不安，容易犯困。中医认为，平心静气可以舒缓紧张的情绪，使心情舒畅、气血和缓，有助于心脏机能的旺盛。所以，对应这一时节的特点，应该根据季节与五脏的对应关系，养护好心脏，以符合"春夏养阳"的原则。

宜清淡，少辛辣油腻。 此时的饮食仍应以清淡为主，少食辛辣油腻之品。如绿豆百合粥具有清热解毒、利水消肿、消暑止渴、降胆固醇、清心安神和止咳的功效。南瓜绿豆粥同样具有清暑解毒、生津益气的功效。

蔬菜应多食绿叶菜及苦瓜、丝瓜、南瓜、黄瓜等，水果则以西瓜为好。吃水果还有益于防暑，但是不要食用过量，以免增加肠胃负担，严重的会造成腹泻。

少吃寒凉食物。 小暑期间，应少吃寒凉性质的食物，中医有句名言："形寒饮冷则伤肺。"患有胃肠道疾病的人群，此节气要注意饮食的合理科学。如

慢性胃炎、慢性肠炎的人们要注意饮食有规律，不要暴饮暴食，还要注意饮食卫生，防止肠道传染病的发生。同时应少食寒凉之物，以免加重病情。

庚日计伏

我国古代用天干、地支记载时间。天干有十个，为甲、乙、丙、丁、戊、己、庚、辛、壬、癸；地支有十二个，为子、丑、寅、卯、辰、巳、午、未、申、酉、戌、亥。把天干与地支相配，就得甲子、乙丑、丙寅、丁卯等等，这样交叉配合每60次，为一个周期，故称六十花甲子。这样的用法据研究已有两千七百多年的历史，据甲骨文研究是在春秋时期鲁隐公三年（公元前722年）元月二日己巳日开始，至今从未错记，是中国历法史上的一个奇迹。

"伏"，乃是藏阴气于炽热之中的意思，具有警示作用。伏天的说法据说历史相当久远，起源于春秋时期的秦国。

"庚"，在天干中排列第七，在与五行搭配中属金。金怕火，在数伏天气中逐日消减，因此古人以庚日来计"伏"。

把夏至后第三个庚日起作为入伏的标志，"三庚"就是从夏至起的三个"庚"日，到第三个庚日为初伏。《幼学琼林》中说："初伏日是夏至第三庚。"由于天干有十个，所以每隔十天就出现一个庚日，如庚子日、庚寅日、庚辰日等。一年365天（闰年366天）都不是10的整数倍，今年的某一天是庚日，明年就不一定是庚日。由于庚日的变化不定，所以每年入伏的日期不尽相同，需要查历书计算。

三伏中初伏、末伏各10天，中伏天数则不固定，一般年份，每伏10天，三伏共30天。夏至到立秋之间有4个庚日时，中伏为10天；有5个庚日时，中伏为20天。这就是庚日计伏。

大暑

水深火热，
龙口夺食

晓出净慈寺送林子方二首·其二

[宋]杨万里

毕竟西湖六月中，风光不与四时同。

接天莲叶无穷碧，映日荷花别样红。

　　7月22日或23日交大暑节气，此时太阳位于黄经120°。古人说"大暑乃炎热之极也"，一个"极"字充分说明了此时天气的炎热程度。大暑是一年中温度最高的时期。黄奭《通纬·孝径援神契》(《黄氏逸书考》)："小暑后十五日斗指未为大暑，六月中。小大者，就极热之中，分为大小，初后为小，望后为大也。"

气候变化

日照多、气温高。 大暑节气一般处在"三伏"里的"中伏"阶段，是我国一年中日照最多、气温最高的时期，全国大部分地区干旱少雨，许多地区的气温高达35℃以上，40℃的酷热也不鲜见。有"冷在三九，热在中伏"之说。

大暑节气时，我国除青藏高原及东北北部外，大部分地区天气炎热，35℃的高温已是司空见惯。著名的三大火炉：南京、武汉、重庆，在大暑前后也是炉火最旺。比"三大火炉"更热的地方还有很多，如安徽安庆、江西九江等。当然最热的"火炉"，要属新疆的"火焰山"——吐鲁番。大暑前后，当地下午的气温常在40℃以上。

伏旱。 大暑时长江中下游等地常出现高温伏旱，苏、浙、赣等地区处于炎热少雨的季节，滴雨似黄金，农谚有"小暑雨如银，大暑雨如金"的说法。如果大暑前后出现阴雨，则预示以后雨水多，有"大暑有雨多雨，秋水足；大暑无雨少雨，吃水愁"之说。

实际上，伏旱并非年年都有。若遇盛夏副热带高压较弱，位置偏南或长江中下游地区有一两场台风降雨，或时不时有些雷阵雨，就不会出现大范围伏旱。

农事活动

喜湿作物生长。 此时玉米开始拔节抽雄，中稻此间进入孕穗期，大豆也开花结豆荚了。骄阳似火，热气蒸腾，阴雨天气时，天气闷得让人喘不过气来。七十二物候中大暑的第二候"土润溽暑"就充分说明了这一时节的天气状况。

土壤高温湿润，对农作物的生长十分有利，特别是喜湿性的作物生长非常快。大暑期间的高温是正常的气候现象，此时，如果没有充足的光照，喜温的水稻、棉花等农作物生长就会受到影响。但连续出现长时间的高温天气，则对水稻等作物成长十分不利。长江中下游地区有这样的农谚："五天不雨一小旱，十天不雨一大旱，一月不雨地冒烟。"

此时如果雨水充足，则预示着丰收，农谚云："伏里多雨，囤里多米""伏天雨丰，粮丰棉丰""伏不受旱，一亩增一担"。但是由于气温高，蒸发极快，特别是长江中下游地区正值伏旱期，要及时灌溉，使土壤保持充足的水分，以满足农作物的生长需求。

收稻插秧。南方有的地区早稻已经是"禾到大暑日夜黄"了。适时地收获早稻，不仅可减少后期风雨造成的危害，确保丰产丰收，而且可使双晚稻及时栽插，争取足够的生长期。此时要根据天气的变化，灵活安排，晴天多割，阴天多栽，在7月底以前栽完双晚，最迟不能迟过立秋，以躲避秋寒的危害。既要收割又要插秧，农事紧张程度不亚于芒种时节。

酷热的天气里抢收抢种无异于"龙口夺食"。农谚云"早稻抢日，晚稻抢时""双晚不插八月秧"等，可见农时不容许片刻的耽误。

播种蔬菜。伏天还是播种蔬菜的最好时节，农谚就有"头伏萝卜二伏芥，三伏里头种白菜""头伏萝卜二伏菜，三伏还能种荞麦"之说。

已出苗的蔬菜要注意灌溉得当。浇水直接决定着蔬菜的长势、产量及品质。夏季温度高，土壤和植株蒸腾水分快，易干旱，影响蔬菜生长并容易诱发病毒，若浇水不当，亦会导致生理性病害的发生。

夏季蔬菜浇水应注意"三不要"：一不要中午浇水。中午浇水很容易导致蔬菜根系遇冷水刺激后出现"炸"根现象，从而造成蔬菜大幅减产，因此在上午 10 点以前浇水，既能达到降温效果，又不至于对蔬菜根系造成伤害。二不要大水漫灌，尤其是怕涝的甜椒、番茄等作物。大水漫灌田间易积水，根系在无氧环境下呼吸受到抑制，容易发生沤根，根系腐烂，叶片变黄，严重影响果实产量，甚至导致整棵植株死亡。三不要忽干忽湿。茄果类、瓜类蔬菜结果期，忽干忽湿易裂果。这是因为土壤干旱缺水时果实的膨大受到抑制，一旦浇水过多，果实迅速吸水，膨果速度加快，尤其是果肉部分吸水量大，果皮生长速度相对较慢，这样很容易发生裂果。

传统习俗

送大暑船。大暑送"大暑船"活动在浙江台州沿海已有几百年的历史。"大暑船"按照旧时的三桅帆船缩小比例后建造，船内载各种祭品。活动开始后，50 多名渔民轮流抬着"大暑船"在街道上行进，鼓号喧天，鞭炮齐鸣，街道两旁站满祈福人群。"大暑船"最终被运送至码头，进行一系列祈福仪式。随后，这艘"大暑船"被渔船拉出渔港，然后在大海上点燃，任其沉浮，以此祝福人们五谷丰登，生活安康。

过半年节。大暑前后就是农历六月十五日，台湾也叫"半年节"，在这一天拜完神明后全家要一起吃"半年圆"。半年圆是用糯米磨成粉再和上红面搓成的，大多会煮成甜食来品尝，象征团圆与甜蜜。

赏荷。大暑所在的阴历六月也称"荷月"，此月民间多有赏荷的习俗。天津、江苏、浙江等地以六月二十四为"荷花生日"，到那一天人们多结伴游湖赏荷。在江苏南京、苏州，当日观赏荷花。若遇雨而归，常蓬头赤足，故有"赤足荷花荡"的戏称。浙江嘉兴在"荷花生日"当天作赏花会,乘游舫畅游南湖。在四川盐源,人们多沿袭古俗以莲子相互馈赠。其他地方如河北的雄县、河南的罗山,则在六月初六起赏荷,仲秋后方结束。

荷花常以其"出淤泥而不染,濯清涟而不妖"的高尚品质自古以来被广为称颂。因此在荷月赏莲,不仅可以赏心,还可以陶冶情操,颐养性情。

民间食俗

喝暑羊。 大暑节气"喝暑羊"与江苏徐州小暑"吃伏羊"相似。山东不少地区有在大暑到来这一天"喝暑羊"(即喝羊肉汤)的习俗。人们认为三伏天喝羊汤,同时把辣椒油、醋、蒜喝进肚里,吃得全身大汗淋漓,可以带走五脏积热,同时排出体内毒素,有益健康。

过大暑。 在大暑节这天,福建莆田人家有吃荔枝、羊肉和米糟的习俗,叫作"过大暑"。亲友之间常以荔枝、羊肉为礼品互相赠送。浙江台州椒江人还有此日吃姜汁调蛋的风俗,姜汁能去除体内湿气,姜汁调蛋"补人";也有老年人喜欢吃鸡粥,谓能补阳。

吃仙草。 广东很多地方在大暑时节有"吃仙草"的习俗。仙草又名凉粉草、仙人草,是重要的药食两用植物,由于其神奇的消暑功效,被誉为"仙草"。民谚云:"六月大暑吃仙草,活如神仙不会老。"其茎叶晒干后可以做成"烧仙草",广东一带叫凉粉,是一种消暑的甜品。烧仙草也是台湾著名的小吃之一,有冷、热两种吃法,同样具有清热解毒的功效。

饮食养生

冬病夏治。大暑是全年温度最高、阳气最盛的时节，在养生保健中常有"冬病夏治"的说法，故对于那些每逢冬季发作的慢性疾病，如慢性支气管炎、肺气肿、支气管哮喘、腹泻、风湿等病症，是最佳的治疗时机。有上述慢性病的人在夏季养生中尤其应该细心调养，重点防治。

俗语说"冬吃萝卜夏吃姜"，夏季吃姜有助于驱除体内寒气。但吃姜的时间也有讲究，最好不要在晚上吃，俗语说"早吃姜赛参汤，晚吃姜赛砒霜"。姜是阳性的食物，早上吃了能够提神，晚上则影响睡眠，如果阴虚的人吃了还会加重自汗盗汗，更加影响健康。

吃药粥。大暑节气的饮食调养要以暑天的气候特点为基础，由于气候炎热，易伤津耗气，因此可选用药粥滋补身体，如绿豆南瓜粥、苦瓜菊花粥等。也可以在粥中加入新鲜的藿香叶、薄荷叶、佩兰等。《黄帝内经》有"药以去之，食以随之""谷肉果菜，食养尽之"的论点。

医家李时珍推崇药粥养生，他说："每日起食粥一大碗，空腹虚，谷气便作，所补不细，又极柔腻，与肠胃相得，最为饮食之妙也。"药粥对老年人、儿童、脾胃功能虚弱者都是适宜的。所以，古人称"世间第一补人之物乃粥也""日食二合米，胜似参芪一大包"。

药粥虽说对人体有益，也不可通用，要根据不同体质，选用适当的药物，配制成粥方可达到满意的效果。

吃苦味食物。此时饮食宜多吃苦味以及健脾利湿的食物。苦味食物不仅清热，还能解热祛暑、消除疲劳。所以，大暑时节，适当吃点苦瓜、苦菜、苦荞麦等苦味食物，可健脾开胃、增进食欲，不仅让湿热之邪敬而远之，还可预防中暑。此外，苦味食物还可使人产生醒脑、轻松的感觉，有利于人们在炎热的夏天恢复精力和体力，减轻或消除全身乏力、精神萎靡等不适。

喝解暑汤。绿豆汤是我国传统的解暑食物，除了脾胃虚寒及体质虚弱者均可放心食用。此外，像荷叶、西瓜、莲子、冬瓜等也具有很好的清热解暑作用。扁豆、薏仁具有很好的健脾作用，是脾虚患者的夏日食疗佳品。

吃补气食物。大暑天气酷热，出汗较多，容易耗气伤阴，此时，人们常常是"无病三分虚"。因此还应吃一些益气养阴且清淡的食物以增强体质，如山药、大枣、海参、鸡蛋、牛奶、蜂蜜、莲藕、木耳、豆浆、百合粥、菊花粥等。

秋词二首·其一

刘禹锡

自古逢秋悲寂寥，我言秋日胜春朝。
晴空一鹤排云上，便引诗情到碧霄。

　　刘禹锡，字梦得，唐代中晚期著名诗人，有"诗豪"之称。这首诗通过歌颂秋天的壮美，表达了作者在政治上受到挫折后依旧傲然向前，不愿消沉，不愿与世俗同流合污的高远品格。开篇指出自古以来人们对秋天的情结——寂寞、萧索、悲凉，然后表明自己对秋日的态度——秋天胜过春天。白鹤凌空直冲云霄，看到这一壮美的情境作者心中诗情也被激发出来，也像白鹤凌空一样直冲到云霄去了，字里行间作者那不甘消沉的乐观向上的精神和昂扬奋发的斗志呼之欲出，跃然纸上。

立秋

早上立了秋，晚上凉飕飕。

立秋早晚凉，中午汗湿裳。

早晨立秋凉飕飕，晚上立秋热死牛。

立秋三场雨，夏布衣裳高搁起。

立秋三场雨，秕稻变成米。

处暑后风雨

仇 远

疾风驱急雨，残暑扫除空。

因识炎凉态，都来顷刻中。

纸窗嫌有隙，纨扇笑无功。

儿读秋声赋，令人忆醉翁。

　　仇远，字仁近，一字仁父，自号山村居士，元代文学家、书法家。这首诗描写处暑节气之后，不期而至的一场大雨一扫夏日暑气，作者从天气无常变化联想到人生无常，多少有些无奈之情。

处 暑

处暑好晴天，家家摘新棉。

处暑收黍，白露收谷。

处暑十日忙割谷。

处暑三日割黄谷。

处暑就把白菜移，十年准有九不离。

处暑栽白菜，有利没有害。

处暑高粱白露谷。

处暑高粱遍拿镰。

处暑高粱遍地红。

处暑谷渐黄，大风要提防。

处暑若还天不雨，纵然结子难保米。

处暑天还暑，好似秋老虎。

处暑天不暑，炎热在中午。

处暑处暑，热死老鼠。

蝶恋花

晏 殊

槛菊愁烟兰泣露，罗幕轻寒，燕子双飞去。明月不谙离恨苦，斜光到晓穿朱户。

昨夜西风凋碧树，独上高楼，望尽天涯路。欲寄彩笺兼尺素，山长水阔知何处！

晏殊，字同叔，北宋初期婉约词的重要作家。此为晏殊写闺思的名篇，写离恨相思之苦，疏澹的笔墨、温婉的格调、谨严的章法，传达出了作者暮秋怀人的深厚感情。上片运用移情于景的手法，选取眼前的景物，注入主人公的感情，点出离恨；下片承离恨而来，通过高楼独望把主人公望眼欲穿的神态生动地表现出来。全词深婉中见含蓄，广远中有蕴涵。

白 露

露水见晴天。

白露秋分夜，一夜凉一夜。

草上露水凝，天气一定晴。

草上露水大，当日准不下。

夜晚露水狂，来日毒太阳。

喝了白露水，蚊子闭了嘴。

白露种高山，秋分种河湾。

白露播得早，就怕虫子咬。

别说白露种麦早，要是河套就正好。

白露满地红黄白，棉花地里人如海。

秋夜诗

沈 约

月落宵向分，紫烟郁氛氲。

曀曀萤入雾，离离雁出云。

巴童暗理瑟，汉女夜缝裙。

新知乐如是，久要讵相闻。

沈约，字休文，南朝史学家、文学家。这首诗第一句就点明了写作时节，由于秋分已是深秋，秋高气爽，全诗表现出一种从容的心情。

秋 分

秋分后十天不晚。

秋分前十天不早，

寒露麦粒一道沟。

秋分麦粒圆溜溜，

秋分见麦苗，寒露麦针倒。

秋分种麦正适宜。

勿过急，勿过迟，

白露早，寒露迟，

秋分种麦正当时。

秋分秋分，昼夜平分。

二、八月，昼夜平。

秋兴八首·其一

杜 甫

玉露凋伤枫树林，巫山巫峡气萧森。

江间波浪兼天涌，塞上风云接地阴。

丛菊两开他日泪，孤舟一系故园心。

寒衣处处催刀尺，白帝城高急暮砧。

《秋兴八首》，是杜甫滞留夔州时所作的一组七言律诗，这八首诗是一个完整的乐章，命意蝉联而又各首自别，时代苦难，羁旅之感，故园之思，君国之慨，杂然其中，历来被公认为杜甫抒情诗中沉实高华的艺术精品。这首诗是第一首，领起的序曲，作者用铺天盖地的秋色将渭原秦川与巴山蜀水联结起来，寄托自己的故园之思；用滔滔不尽的大江把今昔异代联系起来，寄寓自己抚今追昔之感。诗中那无所不在的秋色，笼罩了无限的宇宙空间；而它一年一度如期而至，又无言地昭示着自然的岁华摇落，宇宙的时光如流，人世的生命不永。

寒 露

吃了寒露饭，单衣汉少见。

白露谷，寒露豆。

寒露霜降麦归土。

寒露前后看早麦。

秋分种蒜，寒露种麦。

寒露到，割晚稻；
霜降到，割糯稻。

寒露不摘烟，霜打甭怨天。

寒露不刨葱，必定心里空。

要得苗儿壮，寒露到霜降。

寒露到霜降，种麦莫慌张。

霜降到立冬，种麦莫放松。

寒露收豆，花生收在秋分后。

豆子寒露使镰钩，地瓜待到霜降收。

山 行

杜 牧

远上寒山石径斜，白云生处有人家。
停车坐爱枫林晚，霜叶红于二月花。

　　杜牧，字牧之，唐代诗人。这首诗以枫林为主景，绘出了一幅色彩热烈、艳丽的山林秋色图。远上秋山的石头小路，首先给读者一个远视。山路的顶端是白云缭绕而不虚无缥缈，寒山蕴含着生气，"白云生处有人家"一句就自然成章。然而这只是在为后两句蓄势，接下来告诉读者，那么晚了我还在山前停车，只是因为眼前这满山如火如荼、胜于春花的枫叶。

霜 降

霜降收薯正适宜。

秋雨透地，降霜来迟。

晚稻就怕霜来早。

严霜单打独根草。

霜重见晴天。

浓霜毒日头。

霜后暖，雪后寒。

夏雨少，秋霜早。

寒露早，立冬迟，

今夜霜露重，明早太阳红。

风大夜无露，阴天夜无霜。

严霜出毒日，雾露是好天。

轻霜棉无妨，酷霜棉株僵。

时间到霜降，种麦就慌张。

立秋

立秋
一枕新凉一扇风

立 秋

[宋] 刘翰

乳鸦啼散玉屏空，一枕新凉一扇风。

睡起秋声无觅处，满阶梧叶月明中。

立秋节气在8月7日或8日交节，此时太阳到达黄经135°。《月令七十二候集解》载："秋，揪也，物于此而揪敛也。"立秋标志着炎热的夏天即将过去，秋天随之而来。历书曰："斗指西南维为立秋，阴意出地始杀万物，按秋训示，谷熟也。"立秋后天高气爽，月明风清，气温由热逐渐下降，谷物成熟。

气候变化

　　立秋和立春、立夏一样，并不是真正秋天的到来。按照气象学的划分，连续五天的平均气温降到22℃以下才算是秋季的开始。依照这样的标准，我国最早入秋的黑龙江、新疆等地是在8月中旬，华北大部分地区也要在9月初，江淮地区一般要在9月中旬，江南要到10月初才能感觉到凉意。差不多到11月上中旬，秋的信息才到达雷州半岛，而当秋的脚步到达"天涯海角"的海南时已快到新年元旦了。因此，除长年皆冬和春秋相连的无夏区外，中国很少有在立秋节气就进入秋季的地区。

　　立秋后气温并不是迅速下降，而是有可能继续升高，俗话说"秋后一伏，晒死老牛"。立秋后第一个庚日为末伏，是一年中最热的三伏天的末尾阶段。这时早晚可能有点凉风，中午气温仍十分高。这一时节雨水相对较少，地表温度甚至可能超过头伏和二伏，所以人们形象地把这一时期的天气叫作"秋老虎"。

　　立秋之后虽然还有"秋老虎"肆虐，但气温的整体趋势是渐渐转凉，俗语说"清早立了秋，晚上凉飕飕""立秋早晚凉，中午汗湿裳"，也有"立秋一日，水冷三分"之说。

　　但是立秋时间的早晚又有很大区别，所谓"早立秋冷飕飕，晚立秋热死牛"。七十二物候中立秋初候凉风至，二候寒露降，早晚有了凉风和露气就表明天气开始逐渐转凉了，所以立秋节气可看作是凉爽季节的开始。

农事活动

　　立秋也预示着草木开始结果孕子，收获季节就快要到了。从字面上解，

"秋"从禾与火，其含义实际上就是庄稼快成熟的意思。在山西榆次，就有"立了秋，挂锄钩，消消闲，等秋收"的农谚。立秋以后，我国中部地区早稻就可以收割了，北方地区也有"立秋果，处暑桃"之说，在山东、上海等地则是"立秋十日吃早谷"，安徽等地是"立秋摘花椒，白露打核桃"。此时各种春播、夏播作物开始逐渐进入成熟阶段。

晚秋作物成熟。 立秋前后我国大部分地区气温仍然较高，各种农作物生长旺盛，中稻开花结实，单晚（单季晚稻）圆秆，大豆结荚，玉米抽雄吐丝，棉花结铃，甘薯薯块迅速膨大，对水分要求都很迫切，此期受旱会给农作物最终收成造成难以补救的损失。所以有"立秋三场雨，秕稻变成米""立秋雨淋淋，遍地是黄金"之说。这时适当的降水既有利于晚秋作物的成熟，又有利于作物播种，给晚秋作物施肥也很重要。

栽晚谷。 立秋还是许多作物播种的时机。"立秋栽晚谷"，晚稻可以移栽到田里了。"头伏芝麻二伏豆，晚粟种到立秋后"，晚季小米在立秋之后还可以播种。其他像绿豆、大白菜、大葱、芋头等可以赶在立秋前后抢种。

尤其是华北地区的大白菜要抓紧播种，以保证在低温来临前有足够的热量条件，争取高产优质。播种过迟，生长期缩短，菜棵生长小且包心不坚实。立秋时节芝麻却是不可以种的，农谚云："立秋种芝麻，老死不开花。"因此要掌握好农时，适时播种才能有好的收成。

翻耕。 立秋时节，双季晚稻生长在气温由高到低的环境里，必须抓紧当前温度较高的有利时机，追肥耘田，加强管理。茶园秋耕也要尽快进行，农谚说"七挖金，八挖银"，此时正值秋茶生长的季节，而对茶园的翻耕不仅可以提高秋茶的产量和品质，还能清除杂草，为来年的春茶储备足够的养分。

除草。农历七月，杂草生长茂盛，一直和茶树争抢养分，影响七月的茶叶产量。但是经过茶农的深翻除草之后，埋入茶树根部的杂草可以作为一种很好的自然肥料被茶树吸收，这也是自然反哺的一种很好的形式。而如果到了农历八月才耕田，秋茶的头拨已完，这样就流失掉了秋季的大部分好茶，所以也有"八挖银"之说。

传统习俗

立秋节。立秋节，也称七月节，因在农历七月，故名。"四立"之日季节转换之时一向是历代帝王十分重视的日子。周代天子于立秋日要亲率诸侯大夫，到西郊迎秋，并举行祭祀少皞、蓐收的仪式。少皞和蓐收，二者都为司秋之神，掌管秋收秋藏。

汉代仍承此俗。《后汉书·祭祀志》记载："立秋之日，迎秋于西郊，祭白帝蓐收，车旗服饰皆白……"《后汉书·礼仪志》又说："立秋之日，白郊礼毕，始扬威武，斩牲于郊东门，以荐陵庙。"杀兽以祭，表示秋来扬武之意。

到了唐代，每逢立秋日，也祭祀五帝，《新唐书·礼乐志》记载："立秋立冬祀五帝于四郊。"

乞巧节。农历七月初七在立秋前后。七月初七又称七夕节、乞巧节、女节，民间相传牛郎织女于此日在天河相会。青年男女这天晚上在庭中月下陈列瓜果，祭拜牛郎织女，以求爱情圆满。古代妇女在这天乞巧，有拜织女、穿针验巧、种生求子、喜蛛应巧等习俗。

拜织女这个习俗是少女、少妇们的专利。在七夕即将到来的时候，她们会约上五六个好朋友，一起拜织女。七夕之夜，月光之下桌子上摆一些酒、水果、茶等祭品和插上鲜花的瓶子，在花前摆一个小香炉，大家会在香炉前祭拜织女，希望自己的愿望早日实现。

明朝何景明《七夕》诗说："楚客羁魂惊巧夕，燕京风俗斗穿针。"宫女立秋日登上九引台用五彩丝穿九尾针，先穿完者为得巧，迟完者谓之输巧，各出资以赠得巧者。投针验巧的习俗是通过穿针乞巧这个习俗演变过来的，但是它与穿针不一样，这种习俗在明、清两代比较流行。《直隶志书》载："七月七日，妇女乞巧，投针于水，借日影以验工拙，至夜仍乞巧于织女。"在《帝京景物略》中记载的是："七月七日之午丢巧针。妇女曝盎水日中，顷之，水膜生面，绣针投之则浮，看水底针影。有成云物花头鸟兽影者，有成鞋及剪刀水茄影者，谓乞得巧；其影粗如锤、细如丝、直如轴蜡，此拙征矣。"

种生求子是七夕习俗之中比较有特色的。在七夕前几天，人们会在小木板上铺一层土，在上面撒上粟米种子，然后让它长出芽来，再在上面摆上一些小房子之类的东西，把它布置成村庄的样子，这就是种生求子的一种方式。如果人们觉得这种方式比较麻烦，还有一种方法就是把绿豆、小豆、小麦等浸于瓷碗中，待它长出芽，再以红、蓝丝绳扎成一束，称为"种生"。

五代王仁裕《开元天宝遗事》记载："七月七日，各捉蜘蛛于小盒中，至晓开；视蛛网稀密以为得巧之候。密者言巧多，稀者言巧少。"到了宋代，周密《乾淳岁时记》也说："以小蜘蛛贮合内，以候结网之疏密为得巧之多久。"由此可见，历代蜘蛛织网验巧的标准不同，南北朝视网之有无，唐五代视网之稀密，宋视网之圆正，后世多遵唐俗。

无论是瓜果祭拜还是乞巧等习俗都是十分盛大的，南宋刘克庄《即事诗》其五就说"粤人重巧夕，灯火到天明"，可见人们对七夕节的珍爱。

移栽梧桐。古时以立秋作为秋季的开始。据记载，宋时立秋这天皇宫里要把栽在盆中的梧桐移入殿内，等到"立秋"时辰一到，太史官便高声奏道：

"秋来了！"奏毕，梧桐应声落下一两片叶子，以寓报秋之意。

戴楸叶。 宋代民间立秋之日男女都戴楸叶，以应时序。有以石楠红叶剪刻花瓣簪插鬓边的风俗，也有以秋水吞食小赤豆七粒的风俗，明承宋俗。清代在立秋节这天，悬秤称人，和立夏日所称之数相比，以验夏中之肥瘦。1949年以前的农村，在立秋这天的白天或夜晚，有预卜天气凉热之俗，还有以西瓜、四季豆尝新、奠祖的风俗。又有在立秋前一日，陈冰瓜，蒸茄脯，煎香薷饮等俗。在四川等地，立秋交节之时，全家人要共饮一杯清水，俗说此举能把积暑消除，保证秋季没有腹泻等疾病。

晒秋。 每年立秋，随着果蔬的成熟，江西婺源篁岭古村开始进入"晒秋"最盛的季节。"晒秋"从六月初六一直持续到九月初九，是一种典型的农俗现象，具有极强的地域特色。

在湖南、江西、安徽等山区，由于地势复杂，村庄平地极少，为防止农作物发霉，当地村民只好利用房前屋后及自家窗台、屋顶架晒或挂晒农作物，久而久之就演变成一种农俗现象。每当作物成熟后的晴朗天气里，在整个山间村落的徽式民居的土砖外墙、晒架上、圆圆晒匾里都堆满了五颜六色的丰收果实，有火红的辣椒、金黄的南瓜、灰绿的粽叶、碧绿的青菜，与灰瓦、白墙、绿树相映成趣，使人仿佛走进了一幅幅色彩斑斓又壮阔美丽的油画。

篁岭景区为了吸引游客，每年都会举办盛大的"晒秋节"，这种朝晒暮收晾晒农作物的特殊生活方式和场景，逐步成了画家、摄影师追逐创作的素材，并塑造出诗意般的"晒秋"称呼。

贴秋膘。 民间流行立秋之日"贴秋膘"的习俗。人们在立秋这天悬秤称人，将体重与立夏时对比。因为人到夏天，没有什么胃口，饭食清淡简单，两三个月下来，体重大都要下降。秋风一起，人们胃口大开，想吃点好的补偿一下夏天的损失，补的办法就是"贴秋膘"：在立秋这天做出各种各样的肉菜，如炖肉、烤肉、红烧肉等等，吃得满嘴流油，谓之"以肉贴膘"。

啃秋。"啃秋"也叫作"咬秋"。每当立秋，民间多吃西瓜等，说这样可以免除冬春腹泻等疾病。江苏等地在立秋这天吃西瓜以"咬秋"，据说可以不生秋痱子。在浙江等地，民间立秋日取西瓜和烧酒同食，认为可以防疟疾。杭州等地立秋日要吃一颗秋桃，把桃仁留在除夕烧成灰烬，俗说此灰可以免除瘟疫。

忌打雷。民间某些地区立秋日有忌打雷之说。吴地谚语云："秋孛鹿，损万斛。"秋，指立秋，孛鹿是雷响声。有农谚也说"雷打秋，冬半收"，意思是说立秋日如果打雷，冬季时农作物收成将要损失很多，也有"立秋响雷，百日见霜"的说法。相反，此日天晴的话就非常利于收成，农谚云"立秋晴一日，农夫不用力"。

饮食养生

古人认为"秋天宜收不宜散"，因此饮食上应基本做到"秋不食辛辣""秋不食肺"。

清淡为主。秋季气候干燥，夜晚虽然凉爽，但白天气温仍较高，《饮膳正要》说："秋气燥，宜食麻以润其燥，禁寒饮。"所以根据"燥则润之"的原则，应以养阴清热、润燥止渴、清新安神、益中补气的食品为主，可选用芝麻、蜂蜜、银耳、百合、莲藕、菠菜、鸭蛋、枇杷等具有滋润作用的食物。可适当进食一些"防燥不腻"的平补之品,如茭白、南瓜、莲子、桂圆、黑芝麻、红枣、核桃等。此时不妨适当喝点绿豆粥、荷叶粥、红小豆粥、红枣莲子粥、山药粥等食物。患有脾胃虚弱、消化不良的人,可以服食具有健脾补胃的莲子、山药等,或者喝点具有健脾利湿作用的薏米粥、扁豆粥等,可起到滋阴、润肺、养胃、生津的补益作用。

食酸。立秋时节在饮食上还要注意"增酸",以增加肝脏的功能,抵御过盛肺气之侵入。可选择苹果、葡萄、杨桃、柚子、柠檬、山楂等含酸性水果进食。

祛湿进补。秋季适宜人体进补,但立秋前后不适宜大补特补,此时适合吃一些祛湿的食物。立秋虽然标志着秋季的开始,但立秋后的一段时间内气温通常还是较高,空气的湿度也还很大,人们会有闷热潮湿的感觉。再加上人们在夏季常常因为苦夏或过食冷饮,多有脾胃功能减弱的现象,此时如果大量进食补品,特别是过于滋腻的养阴之品,会进一步加重脾胃负担,使长期处于"虚弱"的胃肠不能一下子承受,导致消化功能紊乱。因此,初秋进补宜清补而不宜过于滋腻。

山居秋暝

［唐］王维

空山新雨后，天气晚来秋。

明月松间照，清泉石上流。

竹喧归浣女，莲动下渔舟。

随意春芳歇，王孙自可留。

　　当太阳到达黄经150°时为处暑节气，时间为8月23日或24日。处暑是一个反映气温变化的节气。"处"是终止的意思，"处暑"表示炎热的暑天即将结束。《月令七十二候集解》说："处暑，七月中。处，止也，暑气至此而止矣。"此时我国大部分地区气温逐渐下降。

气候变化

到了处暑时节已经出伏了，我国大部分地区气温开始明显下降。这一时节气温下降主要有两个原因，一是太阳的直射点继续南移，北半球接受的太阳辐射减弱；二是副热带高压大幅向南撤退，蒙古冷高压开始影响我国。

在这一冷高压的控制下，往往带来干燥、下沉的冷空气，宣告了我国东北、华北、西北雨季的结束，率先开始了一年之中秋高气爽的美好天气。长江以北地区气温逐渐下降，中午热，早晚凉，昼夜温差大，意味着进入气象意义的秋天，此间真正进入秋季的只有东北和西北地区。夏季的副热带高压大步南撤，但仍控制着我国南方的某些地区，此时刚刚感受一丝秋凉的人们，会再次感受高温天气。长江中下游地区往往在"秋老虎"天气结束后，才会迎来秋高气爽的小阳春，此时已经到 10 月以后了。

一场秋雨一场寒。 每当冷空气影响我国时，若空气干燥，往往带来刮风天气，要提防大风对将要成熟农作物的影响；若大气中有暖湿气流输送，往往形成一场像样的秋雨。

每每风雨过后，特别是下了一场雨之后，人们会感到较明显的降温，故有"一场秋雨一场寒"之说。江淮地区还有可能出现较大的降水过程。华南地区处暑平均气温一般较立秋降低 1.5℃左右，个别年份 8 月下旬华南西部可能出现连续 3 天以上日平均气温在 23℃以下的低温。但是，由于华南地区处暑时仍基本上受夏季风控制，所以还常有华南西部最高气温高于 30℃、华南东部最高气温高于 35℃的天气出现。

雷暴。 处暑以后，除华南和西南等地区外，我国大部分地区雨季即将结束，降水逐渐减少。但 9 月份仍是南海和西太平洋热带气旋活动较多的月份

之一，热带风暴或台风带来的暴雨，对华南和东南沿海影响较大，降水强度一般呈现从沿海向内陆迅速减小的特点。华南、西南、华西等地区的雷暴活动虽然不及炎夏那般活跃，但仍比较多。在华南，由于低纬度的暖湿气流还比较活跃，因而产生的雷暴天气比其他地方多；而西南和华西地区，由于处在副热带高压边缘，加之山地的作用，雷暴的活动也比较多。

降水量减少。进入9月后，我国大部分地区开始进入少雨期，而华西地区秋雨偏多。华西秋雨的范围，除渭水和汉水流域外，还包括四川、贵州大部、云南东部、湖南西部、湖北西部一带发生的秋雨。秋雨早的年份8月下旬就可以出现，最晚在11月下旬结束，但主要降雨时段出现在9、10两个月。华西秋雨的主要特点是雨日多，且以绵绵细雨为主，所以雨日虽多，但雨量却不很大，一般要比夏季少，强度也弱。

农事活动

我国南方大部分地区这时也正是收获中稻的大忙时节，一些夏秋作物也即将成熟，家家户户整理粮仓准备收割，农谚有"处暑满地黄，家家修廪仓"之说。一般年辰处暑节气内，华南日照仍然比较充足，除了华南西部以外，雨日不多，有利于中稻割晒和棉花吐絮。可是少数年份也有如杜甫诗中所描绘的"三伏适已过，骄阳化为霖"的景况，秋绵雨会提前到来。所以要特别注意天气预报，做好充分准备，抓住每个晴好天气，不失时机地搞好抢收抢晒工作。天气晴好时，也是一些地区采摘头茬棉花的时候，俗语说"处暑好晴天，家家摘新棉"。

蓄水。 处暑是华南雨量分布由西多东少向东多西少转换的前期，这时华南中部的雨量常是一年里的次高点，比大暑或白露时为多。 因此，为了保证冬春农田用水，必须认真抓好这段时间的蓄水工作。

　　处暑以后，我国大部分地区雨季即将结束，降水逐渐减少，尤其是华北、东北和西北地区，必须抓紧蓄水、保墒，以防秋种期间出现干旱而延误冬作物的播种期。

　　防火。 对于遭遇严重伏旱的地区，处暑时节如果继续受副热带高压的控制，往往容易形成夏秋连旱，使秋季防火期大大提前，需要提高警惕及时防范。此时若有降雨就显得特别珍贵，农谚有"处暑雨，粒粒皆是米"之说。

　　防虫防涝。 处暑时节中午热、早晚凉，昼夜温差大，这样的天气非常有利于农作物糖分的积累。 此时华北地区玉米生长到了中后期，玉米大斑病、小斑病、青枯病、褐斑病、纹枯病等病虫害多发。 为了保证产量，要加强田间管理，科学用药防治病虫害，要及时摘除底部病叶，将其带到田外销毁，减少病害来源。 及时中耕排涝，创造有利于玉米生长，而不利于病害发生的环境。 同时多施腐熟的农家肥，增施磷肥、钾肥和微肥，保证玉米生长所需的养分。

　　栽萝卜。 处暑时节还可以栽种萝卜，农谚有"处暑萝卜白露菜"之说。萝卜是喜欢冷凉天气的蔬菜，若播种过早，天热干旱，长不好；播种过迟，则因生长季节太短，不能充分长大。 处暑时的天气正适宜萝卜根和叶的生长，可为后期积累大量的养分。

传统习俗

中元节。 处暑前后的农历节日为中元节。 农历七月十五俗称"七月半""中元节""鬼节"。 旧时民间从七月初一起，就有开鬼门的仪式，直到月底关鬼门止，都会举行普度布施活动。

据说中元节孤魂野鬼都出来活动，罪孽深重的鬼也有机会被赦免。 所以此时要对孤魂野鬼及地狱鬼等予以拯救、施食，主要有焚烧纸钱、予以钱财等。 旧时道家以七月十五为中元地官赦罪的日子，届时有赈孤、斋孤等习俗。 时至今日，中元节已成为祭祖的重要时间。

祭祖。 在安徽一带，七月十五是一个重要的祭祀活动日。 在这一天，每家每户都会祭祖先。 从七月初一开始，就可以看到田间地头有许多贡品和纸钱、鞭炮。 人们从初十开始就要着手打扫自家屋子。 祭祀时家里要保持安静，不允许吵闹，人们会在家里摆上一张桌子，摆上灵位，摆上贡品，祭拜祖先。祭祀活动一直要持续到七月十五，在这天晚上还要"烧孤衣"，这个习俗一直流传至今。

盂兰盆会。 人们在处暑时节过盂兰盆会，据说源于著名的"目莲救母"的传说。 佛家举行盂兰盆会时，还会在湖上、河上放灯，灯是用蒿秆做成的，上面裹着香头的纸条，夜间点燃，谓之"照冥"。

花衣节、麻谷日。 旧时民间还把中元节前的七月十四称为花衣节，人们在这天买纸花衣烧了祭祖，故称花衣节。

阴历七月十三或十五又称为麻谷日，这天人们以新麻新谷等飨祀神明和祖先，俗称"上麻谷""荐麻谷"。 宋代吴自牧《梦粱录·卷四》记载："七月十五……卖麻谷窠儿者，以此祭祖，寓预报秋成之意。鸡冠花供祖宗者，谓之洗手花。此日都城之人，有就家享祀者，或往坟所扫拜者。"

此外，七月十五还有送蒸熟的面人、面羊等给小孩吃的习俗，借以"羊羔跪乳"教人孝顺之道。

开渔节。处暑过后开始进入渔业收获的时节，这时海域水温依然偏高，鱼虾贝类等已经发育成熟，停留在海域周围。因此从这一时节开始，往往可以享受到种类繁多的海鲜。人们在休渔期结束后的某一天举办隆重的开渔仪式，尤其是浙江省沿海的象山、舟山等地，都要举行一年一度的开渔节，欢送渔民出海捕鱼。届时还要举行大型的文艺晚会，庆祝捕鱼期的到来。在开渔节的典礼上，人们做祭海的文章来感谢大海的恩赐，祈求大海保佑渔民平安等。

迎秋赏云。处暑节气还有出游迎秋的习俗。处暑之后，秋高气爽，正是人们畅游郊野迎秋赏景的好时节。此时暑热之气渐渐消散了，天上的那些云彩也显得疏散自如，不像夏天大暑之时浓云堆积，显得格外好看，民间向来就有"七月八月看巧云"之说。

忌下雨、唱歌。在河南处暑这一天禁忌下雨。民谚道："处暑若逢天下雨，纵然结实也难留。"如果在这一天有雨水光临，人们就会举行一个赶雨的活动，每家每户都拿着一大盆，走到自家门口，做出向外泼的动作，然后转头回到屋中，用这种方法来应对雨天。

在南方的高山地区，禁忌处暑这一天到山上唱歌。人们认为这一天唱歌会加快冷的速度，会把冬天的脚步带近。所以这一天无论多么高兴也不要唱歌。

饮食养生

宜清淡。 经过一个夏天的"煎熬"，很多人脾胃功能相对较弱，因此饮食上别吃口味太重的食物。比较适合健脾胃的食物有薏米、莲子、扁豆、冬瓜等。另外，常食沙参、玉竹、莲子粥、百合等清凉补食，既能防热，还能益气。但有些人肠胃不好，经常腹泻，就不适宜清凉补身了。

宜吃咸味。 饮食上宜多吃咸味食物，如荸荠、沙葛、粉葛等；也可多吃新鲜果蔬，以及银耳、百合、莲子、蜂蜜、糯米、芝麻、豆类、奶类等清润食品，以防秋燥。

少油腻、多蔬果。 由于油腻食物会在体内产生易使人困倦的酸性物质，而蔬菜、水果中的很多维生素能迅速排除代谢物，加快代谢肌肉疲劳时产生的酸性物质，所以少油腻、多蔬果，是使人消除疲劳的方法之一。

少吃辛辣烧烤。 不吃或少吃辛辣烧烤类食物，包括辣椒、生姜、花椒、葱、桂皮及酒等。从中医上讲这些食物容易加重秋燥对人身体的危害。

可吃温补食物，如喜欢吃红枣、桂圆者，早晨可吃几颗；喜欢吃酸味者，可适量吃些酸味食品，酸味主收敛。

脸无痘、面不红者若有吃辣味的习惯，可适当吃些辣椒、胡椒之类食物；有饮酒习惯者可少喝点酒，其中白酒、黄酒一定要加热；主食以吃精白面补气为好。

白露

白露，露珠遍路

暮江吟

[唐] 白居易

一道残阳铺水中，半江瑟瑟半江红。

可怜九月初三夜，露似珍珠月似弓。

　　9 月 7 日或 8 日交白露节气，此时太阳到达黄经 165°。"白露"是反映自然界气温变化的节令，《月令七十二候集解》中解释"白露"节气说："白露，八月节。秋属金，金色白，阴气渐重，露凝而白也。"此时"气始寒也"，"水土湿气凝而为露"，表明气温已经降低到可以使水汽在地面上凝结成水珠了。

气候变化

白露是我国大部分地区秋季到来的重要标志，此时日平均气温大都下降到22℃以下。华南地区，白露节气有着气温迅速下降、绵雨开始、日照骤减的明显特点。华南地区白露期间的平均气温比处暑要低3℃左右，大部地区候平均气温先后降至22℃以下。按气候学划分四季的标准，时序也开始进入秋季。

冷空气变强。 白露是进入秋天的第三个节气，表示孟秋时节的结束和仲秋时节的开始。这时，夏季风逐步被冬季风所代替，冷空气势力变强，往往带来一定范围的降温幅度。北方大部分地区会明显地感觉到炎热的夏天已过，而凉爽的秋天已经到来。

白露节气，北来的干冷气流增多，使淮河、秦岭以北地带的湿热气流向南撤退，空气中湿度大减，云量奇少，因而往往是碧空万里，天高云淡。这样，白天的太阳光热，没有云层的阻挡直射地面，地面白天增热较快；同时地面在夏季积存的热量尚未全部消失。因此白天，特别是正午以后，气温仍是相当高的。而到了夜间，由于多是碧空皓月的无云天空，如果加上北来的干冷气流，地面热量较易消散，因而气温大降，昼夜温差可达十多度。

降水量南北不一。 白露时节，我国北方地区降水明显减少，秋高气爽，比较干燥。

长江中下游地区在此时期，第一场秋雨往往可以缓解前期的缺水情况，但是如果冷空气与台风相会，或冷暖空气势均力敌，双方较量进退维艰时，形成的暴雨或低温连阴雨对秋季作物生长不利。

西南地区东部、华南和华西地区也往往出现连阴雨天气。东南沿海，特别是华南沿海还可能会有热带台风造成的大暴雨。

这一时期降水影响较大的当属"华西秋雨"了。此时西部地区常常细雨霏霏，阴雨绵绵，四川、贵州两省的一些地方更有"天无三日晴"之称，这就是人们常说的"华西秋雨"，西南地区称之为"秋绵雨"。

农事活动

白露时节我国大部分地区秋作成熟，到了收割的季节。辽阔的东北平原开始收获大豆、谷子、水稻和高粱，西北、华北地区的玉米、白薯等大秋作物正在成熟，棉花产区也进入了全面的分批采摘阶段。

白露正是抢收时期，如果赶上阴天下雨，地里的庄稼就会发霉腐烂，尤其是华南地区，容易遇上阴雨连绵的天气，因而民间忌讳这日刮风下雨，认为会影响农业的收成。有农谚说"白露日落雨，到一处坏一处""处暑雨甜，白露雨苦"。

除此之外，民间认为白露这天有雾，则稻穗饱满，有雨则歉收，所以有"白露白迷迷，秋分稻谷齐""白露白茫茫，稻谷满田黄"之说。

棉产区是日忌西北风，农谚云："白露日西北风，十个铃子九个空；白露日东北风，十个铃子九个浓。"

播种冬小麦、栽种冬菜。收割完后又开始了紧张的播种阶段，此时西北、东北地区的冬小麦已开始播种，华北地区冬小麦的播种也即将开始。尤其是黄河中下游地区，播种冬小麦是一年中最重要的农事活动之一。有些地区为了防止秋播作物水分蒸发太快，采用地膜覆盖技术。保持水分、提高地温，种子发芽率高，成活率高。白露节气除了播种冬小麦，还是栽种冬菜的好时机，如白菜、小萝卜、大蒜、蚕豆等。农谚有"不到白露不种蒜"的说法。

防阴雨、冷寒。"华西秋雨"是我国西部地区的气象灾害之一，它主要出现在四川、贵州、云南、甘肃东部和南部、陕西关中和陕南及湖南西部、湖北西部一带，其中尤以四川盆地和川西南山地及贵州的西部和北部最为常见。时间一般在9~11月，最早出现日期有时可从8月下旬开始，最晚在11月下旬结束。"华西秋雨"的主要特点是雨日多，而以绵绵细雨为主，雨量不很大，一般要比夏季少，强度也弱。

这些地区因为持续连阴雨的天数长，所以对农作物的危害极大。绵绵细雨遮挡了阳光，带来了低温，不利于玉米、红薯、晚稻、棉花等农作物的收获和小麦播种、油菜移栽。它可以造成晚稻抽穗扬花期的冷害，也可使棉花烂桃，裂铃吐絮不畅。秋雨多的年份，还可使已成熟的作物发芽、霉烂，以至减产，甚至失收。

防秋旱、防火。此时，我国部分地区还有可能出现秋旱、森林火险、初霜等天气。如果长江中下游地区的伏旱，华西、华南地区的夏旱，得不到秋雨的滋润，都可能形成夏秋连旱，谚语有云："春旱不算旱，秋旱减一半。"北方部分地区，如西北的陕西、山西、甘肃和华北等地，秋季降水本来偏少，如果出现严重秋旱，不仅影响秋季作物收成，还延误秋播作物的播种和出苗生长，影响来年收成。

另外，伴随秋旱，特别是山地林区，空气干燥，风力加大，森林火险开始进入秋季高发期。

防霜冻。白露期间，新疆东北部、内蒙古东部9月上旬为初霜期，而到了9月下旬，甘肃大部、宁夏、陕西北部、山西北部、河北北部和东北地区中北部等都已出现初霜。通常把秋季第一次发生的霜冻称为初霜冻，因为初霜冻总是在悄无声息中就使作物受害，所以有农作物"秋季杀手"的称号。

入秋后的气温随冷空气的频繁入侵而明显降低，尤其是在晴朗无风的夜间或清晨，辐射散热增多，地面和植株表面温度迅速下降，当植株体温降至0℃以下时，其体内细胞就会脱水结冰，导致农作物枯萎或死亡。有时虽然植物表面没有白霜，但由于地表温度在0℃以下，农作物依然受到冻害，称作"黑霜"，也是霜冻的一种类型。

早霜冻会影响东北大豆的质量和产量，使华北棉花、白薯、玉米遭受冻害，影响产量。这一时节出现的低温天气可影响晚稻抽穗扬花，因此要预防低温冷害和霜冻害。冷空气入侵时，可灌水保温。

传统习俗

喝白露茶。 旧时南京人有喝"白露茶"的习俗。此时的茶树经过夏季的酷热，白露前后正是它生长的极好时期。白露茶既不像春茶那样鲜嫩，不经泡，也不像夏茶那样干涩味苦，而是有一种甘醇清香的味道。而且家中存放的春茶此时已经所剩无多了，白露茶正好接上，因此深受人们喜爱。

酿米酒。 湖南兴宁、三都、蓼江一带历来有白露酿酒的习俗。每年白露节一到，家家用糯米、高粱等五谷酿成米酒，待客接人必喝"土酒"。其酒温中含热，略带甜味，称为"白露米酒"。白露米酒中的精品是程酒，是因取程江水酿制而得名，古时即为贡酒，盛名远播。白露米酒的酿制除取水、选定节气颇有讲究外，方法也相当独特。先酿制白酒（俗称"土烧"）与糯米糟酒，再按1:3的比例，将白酒倒入糟酒里，入坛密封，埋入地下或者窖藏。旧时苏浙一带乡下人家也有白露节气酿米酒的。

吃龙眼。 在福建福州，有白露吃龙眼的习俗。据说这天吃龙眼有大补的奇效，而且认为吃得越早越好，所以不少人家大清早爬起来，就要喝上一碗龙眼香米粥。白露早起吃的龙眼，与清晨野外的露水，多少有相像之处。而且龙眼本身就有益气补脾、养血安神、润肤美容等功效，白露前后的龙眼个个大颗，核小味甜口感好，正是应节之物。

斗蟋蟀。 斗蟋蟀流行于我国大部分地区，一般在秋季蟋蟀活动最为频繁的时候进行，成为人们休闲娱乐的一大盛事。这一习俗历史悠久，始于唐，盛行于宋，到清朝时，活动越发讲究。比赛时，不仅有斗蟋蟀的场子，还有专门的搏斗器具。人们提笼相望，成群结队，场面颇为壮观。相斗的蟋蟀要大小相似，重量接近，势均力敌。开斗时，先用兰草拂其头部，如果它的触须张开如丝状，就继续用兰草挑逗，使之角斗。两只蟋蟀相搏，赌注往往很高。有好事的人还写成了《功虫录》，秋天到来，人们争相观看此书，学习其中养蟋蟀、斗蟋蟀的方法。

白露节。 我国有的地方过"白露节"。民间认为采集白露这天早上的露水点撒四肢的穴位可以防病治病，也有用来擦眼睛的，寓意眼睛像露珠一样明亮。有的地方采集和使用露水是非常讲究的，清代记录上海习俗的《沪城岁时衢歌》记载："八月朔，俗谓天灸日，黎明，以花枝露，以古墨研匀，取净管蘸墨，凡童稚之数岁之内者，印圆圈于太阳及四肢诸穴，谓免百病。"

中秋节。 农历八月十五一般在白露节气或者秋分节气里。谚语说"八月十五雁门开，雁儿头上带霜来"，即与此时的天气状况相符合。中秋节是花好月圆、亲人团聚的美好节日，一家人祭月、赏月、拜月、吃月饼、赏桂花、饮桂花酒等，其乐融融。远在异乡的游子此时也对着皎洁的月亮思念起远方的亲人。

唐朝诗人王建在描写中秋节的《十五夜望月寄杜郎中》诗中写道："中庭地白树栖鸦，冷露无声湿桂花。今夜月明人尽望，不知秋思落谁家。"望月怀远，唯有故乡和亲人不能忘怀，它凝聚了人们浓浓的故乡情，使人即使远在天涯仍牵念着故乡的一草一木。

秋社。 秋社在立秋后的第五个戊日进行，此时大约在白露时节。秋社习俗始于汉代，是秋季祭祀土地神的日子。此时收获已毕，官府与民间皆于此日祭神答谢。《东京梦华录·秋社》记载："八月秋社，各以社酒相赍送，贵戚宫院以猪羊肉、腰子、肚肺、鸭饼、瓜姜之属，且做棋子样片，滋味调和铺于饭上，谓之社饭，请客供养。"宋代，秋社还有食糕、饮酒、妇女归宁等俗。在一些地方，至今仍流传有"做社""敬社神""煮社粥"的说法。

民间在白露节还有祭风婆、游神等风俗。

祭禹王。 白露时节也是安徽太湖人祭禹王的日子。禹王是传说中的治水英雄大禹，太湖畔的渔民称他为"水路菩萨"。每年正月初八、清明、七月初七和白露时节，这里将举行祭禹王的香会，搭台唱戏。其中又以清明、白露春秋两祭的规模为最大，历时一周。在祭禹王的同时，还祭土地神、花神、蚕花姑娘、门神、宅神、姜太公等。

饮食养生

中医认为，肌体病患是由风、寒、暑、湿、燥、火六邪侵入所致，而秋冬季节易染疾病的最大特点是"燥邪为病"，其中又有"温燥"和"凉燥"之分。此时，老人以及体瘦阴虚火旺的人容易感染温燥之邪。治燥不同治火，因为

"治火可以苦寒，燥证则宜柔润"，因此白露时节，饮食应以清淡、易消化且富含维生素的素食为主，宜吃一些性凉甘润的食物，以养护心肺肝脾胃，保持身体健康。

食粥。 秋季主气为燥，秋燥能耗人津液，影响人体对水的正常吸收，导致人体缺水，容易出现口干、咽干及大便干结、皮肤干裂等症状。"秋燥"的缺水还与一般缺水不同，光喝水并不能止渴，因为"秋燥"伤阴，喝进多少，排出多少，因此，秋日饮食防秋燥大有讲究。

中国传统医学认为，适当食粥，能和胃健脾，润肺生津，养阴清燥。常见的做粥材料主要有大米、糯米、小麦、芡实、淮山、豆类、干果等。熬粥的器皿最好选用砂锅，尽量不使用铁锅和铝锅。如若能在煮粥时，适当加入梨、芝麻、菊花等药食俱佳的食物，则更具有益肺润燥的功效。

除此之外，可适当地多吃一些富含维生素的食品，也可选用一些宣肺化痰、滋阴益气的中药，如人参、沙参、百合、杏仁、川贝等，对缓解秋燥多有良效。

吃时令蔬果。 白露时节可多吃葡萄等水果。到了秋季，成熟的葡萄正当季。葡萄汁多味甜，含有丰富的营养物质，如糖类、蛋白质、卵磷脂、胡萝卜素和维生素等，钙、铁的含量也极为丰富。中医认为，葡萄性平味甘酸，入脾、肺、肾三经，能生津止渴，补益气血，强筋骨，利小便，非常适合秋燥天气。

南瓜也是预防秋燥的食物。自古以来，我国就十分重视南瓜的医用保健价值。中医认为，南瓜有消炎止痛、解毒、养心补肺等作用。《本草纲目》中记载，南瓜能"补中益气"。南瓜中所含的某些成分，可由人体吸收后转化为维生素A，因此对防秋燥大有裨益。常吃南瓜，可使大便通畅，肌肤丰美，尤其对女性，有美容作用。此外，南瓜可以促进人体内胰岛素的分泌，有效降低血糖，是糖尿病患者的健康食品。

水调歌头

[宋] 苏轼

明月几时有？把酒问青天。不知天上宫阙，今夕是何年？我欲乘风归去，又恐琼楼玉宇，高处不胜寒。起舞弄清影，何似在人间！

转朱阁，低绮户，照无眠。不应有恨，何事长向别时圆？人有悲欢离合，月有阴晴圆缺，此事古难全。但愿人长久，千里共婵娟。

秋分交节时间为 9 月 23 日或 24 日，此时太阳到达黄经 180°，直射赤道，南北半球昼夜平分，在北极点与南极点附近，可以观测到太阳整日在地平线上转圈的特殊现象。秋分之后，北半球各地昼短夜长，这种现象将越来越明显。汉代董仲舒《春秋繁露·阴阳出入上下篇》记载："秋分者，阴阳相半也，故昼夜均而寒暑平。"秋分的"分"就是"半"的意思。秋季三个月分别被称为"孟秋""仲秋"和"季秋"，秋分时节恰值仲秋，平分秋色。

气候变化

按气候学上的标准，"秋分"时节，我国长江流域及其以北的广大地区，日平均气温都降到了22℃以下，为物候上的秋天了。此时，来自北方的冷空气团，已经具有一定的势力。全国绝大部分地区秋高气爽，丹桂飘香，蟹肥菊黄。

降水少。秋分时节，我国大部分地区已经进入凉爽的秋季，南下的冷空气与逐渐衰减的暖湿空气相遇，产生一次次的降水，气温也一次次地下降。正如人们常说的那样，到了"一场秋雨一场寒"的时候，但秋分之后的日降水量不会很大。

在这时期，全国许多地区都开始进入了降水少的时段。秋分之后，我国大部分地区，包括江南、华南地区（热带气旋带来暴雨除外）的降雨日数和雨量进入了减少的时段，河湖的水位开始下降，有些季节性河湖甚至会逐渐干涸。

台风。秋分时节，还有可能出现个别的热带气旋，但影响位置偏南，大多影响华南沿海、海南岛，这时的台风除了大风灾害外，带来的雨水往往对当地的土壤保墒有利，因为10月以后这些地区先后转入干季。

农事活动

秋分时节南、北方的田间耕作各有不同。华北地区有农谚说："白露早，寒露迟，秋分种麦正当时。"谚语中明确说明了该地区播种冬小麦的时间；而"秋分天气白云来，处处好歌好稻栽"则反映出江南地区播种水稻的时间。

华北地区已开始播种冬麦，长江流域及南部广大地区正忙着晚稻的收割，抢晴翻耕土地，准备油菜播种。南方的双季晚稻正抽穗扬花，是产量形成的关键时期，早来低温阴雨形成的"秋分寒"天气，是双季晚稻开花结实的主要威胁，必须认真做好预报和防御工作。秋分棉花吐絮，烟叶也由绿变黄，正是收获的大好时机。

传统习俗

祭神。秋分日设立秋社，祭祀地神。农家割新稻，以新米饭祭献土神、谷神。祭毕聚集安饮，依年龄列坐，分享祭品。男女做投壶游戏，善作诗的饮酒谈天吟诗。饭食由各家拿出少数新米，比较优劣后烧煮做饭。另有集资请戏班唱戏等习俗。

秋祭。民间在秋分时节有扫墓祭祖的习俗，称作"秋祭"。是日，全族都要出动，队伍能达几百乃至上千人。先扫祭开基祖和远祖坟墓，之后分房扫祭各房祖先坟墓，最后各家扫祭家庭私墓。

走社。古时秋分日"走社"之风十分盛行。古代农家以土地为赖以生存的资源，而且人口稀疏，住所固定，环聚一处，守望相助，邻里之间的感情极其深厚，有时因为农事上的关系，如耕地整理、病虫害的驱除与预防等，都不得不互帮互助，协力完成。

秋社之时，一年的辛劳已经得到回报，彼此愉快的心情无以复加，因此男女走社，总是要比春社还要盛大。各家经常拿出最丰收的土产食品招待客人，以相互展示夸耀，如此也促进了人们的进取之心。有民谚道："鸡豚秋社，芋栗园收，李四张三，来而便留。"

观南极星。秋分之日"候南极"。《史记·天官》中记载："南极老人，治安；常以秋分时，候之于南郊。"我国在北半球，因而南极星（也称南极仙翁或老人星）一年内只有在秋分之后才能见到，且一闪而逝，极难见到，春分过后，更是完全看不到。所以古时把南极星的出现看成是祥瑞的象征，历代皇帝会在秋分这日早晨，率领文武百官到城外南郊迎接南极星。

说秋。在过去，由于生产力落后，耕牛不仅是主要的生产工具，也是丰收的保证，秋分日民间挨家挨户送秋牛图就是为了表达对耕牛的爱惜和崇敬。其图是把二开红纸或黄纸印上全年农历节气，还要印上农夫耕田图样，名曰"秋牛图"。送图者都是些民间善言唱者，主要说些秋耕和吉祥不违农时的话，每到一家更是即景生情，见啥说啥，说得主人乐而给钱为止。言词虽随口而出，却句句有韵动听，俗称"说秋"，说秋人便叫"秋官"。

吃秋菜。秋分时节一些地区流行着吃秋菜的习俗，秋菜就是一种野菜，有些地方会亲切地称呼为"秋碧蒿"，人们把这个时节吃菜的习俗称作"吃秋菜"。

秋分时节一到，每户都会走出家门到田野之中摘野菜。等到每家采好一箩筐野菜后回到家中起火做饭，人们会把这种野菜与鱼片一起做成"滚汤（秋汤）"，人们希望用这种习俗来乞求安康幸福。民谚道："秋汤灌脏，洗涤肝肠。合家老少，平安健康。"

祭月节。秋分曾是传统的"祭月节"，古有"春祭日，秋祭月"之说。现在的中秋节则是由传统的"祭月节"而来。史书记载，早在周朝，古代帝王就

有春分祭日、夏至祭地、秋分祭月、冬至祭天的习俗，其祭祀的场所称为日坛、地坛、月坛、天坛，分设在东南西北四个方向。

北京的月坛就是明嘉靖年间为皇家祭月修造的，民间各地至今也遗存着许多"拜月坛""拜月亭""望月楼"等古迹。民间的祭月习俗因地区不同而仪式各异。《北京岁华记》记载北京祭月的习俗说："中秋夜，人家各置月宫符象，符上兔如人立；陈瓜果于庭；饼面绘月宫蟾兔；男女肃拜烧香，旦而焚之。"北京祭月还有一个特别的风俗，就是"惟供月时，男子多不叩拜"，此即民谚所说"男不拜月"。

据考证，最初"祭月节"定在"秋分"这一天，不过由于这一天在农历八月里的日子每年不同，不一定都有圆月，而祭月无月则是大煞风景的。所以，后来就将"祭月节"由"秋分"调至八月十五中秋月圆之日。

民间禁忌

忌刮东风。 华北地区忌讳秋分这一天刮东南风，人们认为这个季节本来就很干燥，需要雨水滋润，如果在需要雨水的日子不下雨，而是刮风，那么来年会是一个旱季，农作物的生产管理工作也会举步维艰。民谚道："秋分东风来年旱。"在这一天，人们为了讨个好彩头，还会举行踩风的民间活动：小孩子光着脚丫在自家炕上跑三圈，嘴里喊着"来年大丰收"的吉利话，通过这种活动来表达自己的美好心愿。

忌不下雨。 江淮地区秋分这一天盼望下雨，如果下雨就不会干旱，民谚道："秋分天晴必久旱。"这一天人们会左手拿着杯子，灌上一杯水，端着杯子走向自家地头，中途不能把水打翻，然后每家每户的人都排成一排站在田间，当听到鼓手们敲鼓就要用力将水泼在地面。人们把鼓声比作雷声，把水声比作雨声，就是希望这一天下雨打雷。

忌劈柴。民谚道："秋分劈柴，地裂干旱。"一些地方秋分这一天是禁忌劈柴的，如果不想挨饿就必须在前一天把柴火准备好。但人们通常都不这样做，他们会在秋分这一天选择和另外一家搭伙过秋分，一家准备柴火就可以了，而另一家只要提着酒菜过去就可以享受贵客的待遇。

饮食养生

秋分节气饮食要多吃滋阴润燥的食物，避免燥邪伤害。少吃辛辣食物，多吃酸性食物，以加强肝脏功能。从食物属性解释，少吃辛降燥气，多吃酸食有助生津止渴，但也不能过量。脾胃保健，多吃易消化的食物，少吃生菜沙拉等凉性食物。同时应多喝温开水，吃清润、温润的食物，如芝麻、核桃、糯米、蜂蜜、乳品、梨等，可以起到滋阴润肺、养阴生津的作用。秋季，菊香蟹肥，正是人们品尝螃蟹的最好时光。但是螃蟹是大寒之物，也不适宜多吃。

进补。在饮食调养方面，中医非常重视阴阳调和，不同的人饮食有不同的禁忌。一般而言，阴气不足而阳气有余的老年人，忌食大热峻补之品；发育中的儿童，没有特殊原因也不宜过分进补；痰湿质人应忌食油腻；木火质人应忌食辛辣；患有皮肤病、哮喘的人应忌食虾、蟹等海产品；胃寒的人应忌食生冷食物，等等。总之，秋季进补要根据个人的体质状况，且进补还需适量，并非多多益善。

食酸、甘味。 秋分时节开始进入深秋，而秋属肺金，酸味收敛补肺，辛味发散泻肺，因此秋分饮食还应注意宜收不宜散，日常生活中要尽量少辛味之品，如葱、姜等，适当多食酸味甘润的新鲜水果和蔬菜。 同时，秋燥津液易伤，人们会出现咽、鼻、唇干燥及干咳、声嘶、皮肤干裂等燥症，可以多食用甘寒滋润之品，如百合、银耳、山药、秋梨、莲藕、柿子、芝麻、鸭肉等，这些食物有润肺生津、养阴清燥的功效。

防燥。 防秋燥从饮食上讲，要注意多喝水，多吃甘蔗、梨等润燥之品，以及多吃清补食物，如蜂蜜、百合、莲子等。 秋燥往往使咽喉炎症加重或咽喉干燥发痒，喝凉白开水能湿润咽喉，起到良好的止咳作用。 中医认为，甘蔗味甘性寒，入肺胃二经，甘可滋补养血，寒可清热生津，故有滋养润燥之功；梨性微寒，味甘，能生津止渴、润燥化痰、润肠通便等，秋天每天坚持吃两个梨能在一定程度上预防秋燥。

防燥宜多吃"辛酸"果蔬。 秋分时节，饮食上要特别注意预防秋燥。 秋分的"燥"不同于白露的"燥"。 秋分的"燥"是"凉燥"，白露的"燥"是"温燥"，饮食上要注意多吃一些清润、温润为主的食物，比如芝麻、核桃、糯米等。 秋天上市的果蔬品种花色多样，像藕、荸荠、甘蔗、秋梨、柑橘、山楂、苹果、葡萄、百合、银耳、柿子等，都是调养佳品。

寒露

木芙蓉

[唐] 韩愈

新开寒露丛，远比水间红。

艳色宁相妒，嘉名偶自同。

采江官渡晚，搴木古祠空。

愿得勤来看，无令便逐风。

太阳到达黄经 195° 时交寒露节气，时间一般在 10 月 8 日或 9 日。《月令七十二候集解》载："寒露，九月节。露气寒冷，将凝结也。"寒露节气气温比白露时更低，由白露时的凉爽变为寒冷，地面的露水更冷，快要凝结成霜了。也正如俗语里所说："寒露寒露，遍地冷露。"

气候变化

寒露时节，我国南方大部分地区气温继续下降。华南地区日平均气温多不到 20℃，长江沿岸地区最低气温可降至 10℃以下。西北高原除了少数河谷低地以外，候平均气温普遍低于 10℃，用气候学划分四季的标准衡量，已是冬季了。气温降得快是寒露节气的一个特点。一场较强的冷空气带来的秋风、秋雨过后，温度下降 8~10℃已较常见。

常年寒露期间，华南地区雨量亦日趋减少。华南西部多在 20 毫米上下，东部一般为 30~40 毫米左右。华北地区 10 月份降水量一般只有 9 月降水量的一半或更少，西北地区则只有几毫米到 20 多毫米。

冷空气运动。寒露以后，北方冷空气已有一定势力，我国大部分地区在冷高压控制之下，雨季结束。天气常是昼暖夜凉，晴空万里，对秋收十分有利。我国大陆上绝大部分地区雷暴已消失，只有云南、四川和贵州局部地区尚可听到雷声。

冻露、降雪。寒露时节，我国南岭及以北的广大地区均已进入秋季，东北地区已进入或即将进入冬季，个别地区已可见零星的小雪花。在南方大部分地区寒露之后才真正进入秋季。此时地面上的露水更多，气温更低，有可能成为冻露。北京大部分年份这时已可见初霜，除全年飞雪的青藏高原外，东北北部和新疆北部地区一般已开始降雪。

农事活动

《清嘉录》云："寒露乍来，稻穗已黄，至霜降乃刈之。""过了寒露，秋粮入库。"黄河中下游地区，秋收已经接近尾声。这时候正是播种冬小麦的最后时机，谚语云："晚种一天，少收一石。"江淮及江南地区的单季晚稻即将成熟，双季晚稻正在灌浆，要注意间歇灌溉，保持田间湿润。"寒露不摘棉，霜打莫怨天。"趁天晴要抓紧采收棉花，遇降温早的年份，要在气温不算太低时采摘。

翻地。秋收后要整理农田，深翻土地。地表温度低，害虫到地下产卵。这样做既可以疏松土壤，也可以破坏地下的虫洞，虫卵就会被冻死，有效杀死害虫。俗语云："寒露到立冬，翻地冻死虫。"

防湿害。绵雨甚频，朝朝暮暮，溟溟霏霏，影响"三秋"生产，成为我国南方大部分地区的一种灾害性天气。伴随着绵雨的气候特征是：湿度大，云量多，日照少，阴天多，雾日亦自此显著增加。秋绵雨严重与否，直接影响"三秋"的进度与质量。为此，一方面，要利用天气预报，抢晴天收获和播种；另一方面，也要因地制宜，采取深沟高厢等各种有效的耕作措施，减轻湿害，提高播种质量。

防寒露风。南方稻区还要注意防御"寒露风"的危害。寒露风是指在寒露前后由于受初次较强的冷空气南下影响，出现的连续几天平均气温低于20℃，风力在3~4级以上的偏北风，可引起显著降温，造成晚稻瘪粒、空壳减产。

一般来说，寒露风对水稻危害的气象指标因水稻品种和发育期而异，各地的标准也不完全一样，通常在长江中下游地区，以连续三天或以上，日平均气温低于20℃作为出现寒露风的标准；华南地区以连续三天或以上，日平均气温低于22℃作为标准。有谚语说："禾怕寒露风，人怕老来穷。"指的就是寒露风的危害。

防霜冻。 有的地方在寒露则忌霜冻，"寒露有霜，晚谷受伤"，霜会对晚秋收割的稻谷造成冻伤。"有水不怕寒露风。"这就是说，寒露风虽然会给晚稻带来很大影响，但是只要在寒露风到来之时灌水保温，也能在很大程度上减轻寒露风的危害。

传统习俗

重阳节。 重阳节一般逢着寒露节气。重阳节，又称重九节、晒秋节、"踏秋"，是我国传统的节日，早在战国时期就已经形成，到了唐代被正式定为民间节日，此后历朝历代沿袭至今。1989年我国政府又把九月初九定为"老人节""敬老节"，为其增加了尊老、敬老、爱老、助老的内涵。重阳节与除夕、清明节、中元节三节统称中国传统四大祭祖的节日，一般有出游赏秋、登高远眺、观赏菊花、插茱萸、吃重阳糕、饮菊花酒等活动。

《西京杂记》中记西汉时的宫人贾佩兰称："九月九日，佩茱萸，食蓬饵，饮菊花酒，云令人长寿。"相传自此时起，有了重阳节求寿之俗。九九重阳，因为与"久久"同音，又因古时"九"是数字中的尊者，遂有长久长寿的含义。曹丕《九日与钟繇书》中即载："岁月往来，忽复九月初九，九为阳数，而日月并齐，俗嘉其名，以为宜于长久，故以享宴高会。"把九月初九定为老人节，意义即在此。

重阳祭祖。香港新界乡民重九祭祖，通常分为三次：第一次是私人扫墓，即小家庭式祭祖；第二次是房份扫墓，由数家至十余家人不等；第三次是大众扫墓，即全村同姓，无论已迁出或分居各地都共同祭祖，结队前往扫墓。族人一般都带备烧猪、三牲酒礼，及碗筷、杯盘、镰刀等用具。抵达祖坟时，部分取石堆砌炉灶，煮备传统的盘菜；部分则清理坟旁杂草，扫除垃圾。

福建莆田仙游人以重阳祭祖者比清明为多，故俗有以三月为小清明，重九为大清明之说。

登高。古人重阳节登高，佩戴茱萸。最初的登山运动可能与上古时"射礼"有关。当时人们为了安排好冬季生活，秋收之后要上山采些野生食物或药材，或狩猎。而金秋九月，天高气爽，这个季节登高远望可使人心旷神怡、健身祛病。《千金月令》上说："重阳之日，必以看酒登高眺远，为时宴之游。赏菊以畅秋志。"《燕京岁时记》也载：凡登高，必"赋诗饮酒，烤肉分糕，洵一时之快事"。

插茱萸。王维《九月九日忆山东兄弟》诗："独在异乡为异客，每逢佳节倍思亲。遥知兄弟登高处，遍插茱萸少一人。"茱萸香味浓，有驱虫去湿、逐风邪的作用，并能消积食，治寒热。民间认为九月初九也是逢凶之日，多灾多难，所以在重阳节人们喜欢佩戴茱萸以辟邪求吉，茱萸因此还被人们称为"辟邪翁"。

喝菊花酒。重阳节喝菊花酒、赏菊，是为乐事。孟浩然《过故人庄》诗有曰："待到重阳日，还来就菊花。"菊花含有养生成分，晋代葛洪《抱朴子》有南阳山中人家饮用遍生菊花的甘谷水而益寿的记载。菊花酒汉代已见，被看作是重阳必饮、祛灾祈福的"吉祥酒"，其后仍有赠菊祝寿和采菊酿酒的习俗，如魏文帝曹丕曾在重阳日赠菊给钟繇祝他长寿，梁简文帝《采菊篇》也有"相呼提筐采菊珠，朝起露湿沾罗襦"之句，即是采菊酿酒。

赏菊。 九九重阳节，文人士子们还举办社交宴乐性质的菊花会，赏菊吟诗。规模最大、气象最盛的当数宫廷赏菊，《武林旧事·重九》中记载："禁中例于八日作重九排当，于庆瑞殿分列万菊，灿然眩眼，且点菊灯，略如元夕。"

观红叶。 此时还是登山观红叶的好时节。北方已呈深秋景象，偶见早霜，树叶很快就会变红、变黄。南方也秋意渐浓，蝉噤荷残。北京人登高习俗更盛，景山公园、八大处、香山等都是登高的好地方。寒露过后的连续降温催红了京城的枫叶。金秋的香山层林尽染，漫山红叶如霞似锦，如诗如画。

红叶为历代文人青睐，唐代杜牧的《山行》中有："停车坐爱枫林晚，霜叶红于二月花。"即是赞美红叶。到了宋代，杨万里的《秋山》："乌桕平生老染工，错将铁皂作猩红。小枫一夜偷天酒，却倩孤松掩醉容。"更是用拟人化的手法将乌桕、枫叶刻画得十分可爱。相传，唐朝上阳宫的宫女常常在红叶上题诗，抛于宫中流水以寄幽情。

忌刮风、扫屋。 一些地区寒露时节禁忌刮风，人们认为寒露时节刮风，庄稼就会受到损失，民谚道："禾怕寒露风，人怕老来穷。"在这一天早上，人们会上香拜佛，请求佛祖保佑有个好收成。

一些地方寒露这一天禁忌扫屋子。由于这个时节天气变得越来越冷，人们希望温暖留在屋子里，远离寒冷。民谚道："寒露时节把屋扫，接下来的日子冻手脚。"

民间食俗

吃糕。 重阳节吃糕，如同中秋节吃月饼一样，都是应时节令食品。 历史上重阳糕经历了多次变革：汉朝时叫"蓬饵"，唐朝时叫"麻葛糕"和"米锦糕"，宋朝时叫"菊花糕""重阳糕"，清朝时则叫"花糕"。 从民俗意义上看，"糕"与"高"同音，重阳吃糕，象征步步登高，意义独特。 据史籍载，重阳糕不仅自家食用，也被用于馈赠，颇具礼俗意义。《帝京岁时纪胜》载："京师重阳节花糕极胜。 有油糖果炉作者，有发面垒果蒸成者，有江米黄米捣成者，皆剪五色彩旗以为标识。 市人争买，供家堂，馈亲友。"

吃螃蟹、钓鱼。 在江南地区，人们还有吃螃蟹、钓鱼的习俗。 甚至人们有"秋钓边"的说法。 每到寒露时节，气温快速下降，深水处太阳已经无法晒透，鱼儿便都向水温较高的浅水区游去，便有了人们所说的"秋钓边"。

吃芝麻。 寒露到，天气由凉爽转向寒冷。 根据中医"春夏养阳，秋冬养阴"的四时养生理论，这时人们应养阴防燥、润肺益胃，于是，民间就有了"寒露吃芝麻"的习俗。 在北京，与芝麻有关的食品都成了寒露前后的热门货，如芝麻酥、芝麻绿豆糕、芝麻烧饼等。 芝麻有健脾胃、利小便、和五脏、助消化、化积滞、降血压、顺气和中、平喘止咳等功效，抗衰老，广泛应用于食疗。

饮食养生

金秋之时，燥气当令。 寒露时节，雨水渐少，天气干燥，昼热夜凉。 此时养生的重点仍是养阴防燥、润肺益胃，同时要避免因剧烈运动、过度劳累等耗散精气津液。在饮食上还应少吃辛辣刺激、熏烤等食品，宜多吃些滋阴润燥、益胃生津作用的食品。

在平衡饮食五味基础上，根据个人的具体情况，适当多食甘、淡滋润的食品，既可补脾胃，又能养肺润肠，可防治咽干口燥等症。水果有梨、柿、荸荠、香蕉等；蔬菜有胡萝卜、冬瓜、藕、银耳等，以及豆类、菌类、海带、紫菜等。早餐应吃温食，最好喝热药粥，因为粳米、糯米均有极好的健脾胃、补中气的作用，像甘蔗粥、玉竹粥、沙参粥、生地粥、黄精粥等。中老年人和慢性病患者应多吃些红枣、莲子、山药、鸭、鱼、肉等食品。少食辛辣之品，如辣椒、生姜、葱、蒜类，因过食辛辣易伤人体阴精。有条件可以煮一点百枣莲子银杏粥经常喝，经常吃些山药和马蹄也是不错的养生之法。

枫桥夜泊

[唐] 张继

月落乌啼霜满天，江枫渔火对愁眠。
姑苏城外寒山寺，夜半钟声到客船。

太阳位于黄经210°时为霜降，交节时间为10月23日或24日。霜降是指初霜，《月令七十二候集解》载："九月中，气肃而凝露结为霜矣。"《二十四节气解》载："气肃而霜降，阴始凝也。"可见"霜降"表示天气逐渐变冷，开始降霜。

气候变化

霜降时节，天气渐冷，东北北部、内蒙古东部和西北大部平均气温已在0℃以下，此时东北地区已见雪花。黄河中下游地区的初霜日一般在10月下旬至11月初，这与霜降节气的时段相吻合。但是长江以南地区，初霜期至少要等到20天之后。纬度偏南的南方地区，平均气温多在16℃左右，离初霜日期还有三个节气。在华南南部河谷地带，则要到隆冬时节，才能见霜。当然，即使在纬度相同的地方，由于海拔高度和地形不同，贴地层空气的温度和湿度有差异，初霜期和霜日数也就不一样了。

农事活动

农作农收。"霜降"也是重要的农作时期，霜降节气是大秋作物最后完成收获的季节。长江中下游及以南的地区此时正值冬麦播种的黄金季节。对于冬麦和油菜应及时间苗定苗，中耕除草，防治蚜虫。晚稻成熟后抓紧收获，以防雀害和落粒。油菜一般已进入二叶期，"霜降一过百草枯，薯类收藏莫迟误"，霜降过后，我国南方大部分地区开始大量收挖红薯。霜降后北方大部分地区已在秋收扫尾，即使耐寒的葱也不能再长了，因为"霜降不起葱，越长越要空"。该种的已经种上了，部分农地将处于冬闲时段。华北地区霜降后，即到了收获大白菜的时候。

防霜冻。"霜降杀百草"，霜对生长中的农作物危害很大。严霜打过的植物，一点生机也没有，给小麦、油菜等处于幼苗期的抗寒能力差的农作物造成冻害；霜冻还会影响棉花的品质，形成"霜后花"或"红花"。这是由于植株体内的液体，因霜冻结成冰晶，蛋白质沉淀，细胞内的水分外渗，使原生质严重脱水而变质。其实，霜和霜冻虽形影相连，但危害庄稼的是"冻"不是"霜"。与其说"霜降杀百草"，不如说"霜冻杀百草"。霜是天冷的表现，冻是杀害庄稼的敌人。由于冻则有霜（有时没有霜称黑霜），所以把秋霜和春霜统称霜冻。

防霜措施有：①适时早种，错开晚秋霜冻。②选用早熟高产品种。③浇水，因为干土比湿土散热快。防霜的效果以灌溉的当天或次日为好。最好的时机在冷空气刚过风静下来而霜冻尚未发生时进行灌溉。④熏烟，可在小范围内形成保温云层，减轻冻害。一般在霜冻即将发生时点燃发烟物，使烟堆放热，烟雾成幕，有降低热辐射减慢降温和增加植株间温度的作用，可选用易发烟的柴草。此法可使株间温度提高 0.5~2℃。用化学药剂发烟防霜，比用柴草省工而经济，效果也好，但应选择对人和作物无害的化学药剂。⑤覆盖法，此法适用于小面积作物防霜。可用草帘、席子、泥钵、塑料布、草木灰覆盖在蔬菜等作物上，使地面田间的热量不易散失，延迟收获期。⑥施腐殖酸钠或磷肥，使作物提前成熟。

兴修水利、种植防护林带和进行农田基本建设都能改善农田小气候，是防御霜冻的根本性措施。

传统习俗

迎霜降。《浙江志书》记载，富阳县"霜降前一日，县令命捕职查点民壮保甲，扬兵大道，民多往观，谓之迎霜降。至日，县令诣演武场，亲阅操演校射，以行赏罚"。

相传清代以前，江苏常州府武进县的教场演武厅旁的旗纛（音"道"）庙有隆重的收兵仪式。按古俗，每年立春为开兵之日，霜降是收兵之期，所以霜降前夕，府、县的总兵和武官们，都要全副武装，身穿盔甲，手持刀枪弓箭，列队前往旗纛庙举行收兵仪式，以期祓除不祥、天下太平。

清代霜降日的五更清晨，武官们便会集庙中，在演武厅迎接巡视的帝王。祭祀完毕，列队齐放空枪三响，然后再试火炮、打枪，谓之"打霜降"，百姓观者如潮。

祭旗神。霜降时节有祭旗神的习俗。祭旗神中有一项不可缺少的骑术表演，这一天骑兵会在马背上进行各种各样惊险的骑术表演。这个活动一直延续到清朝，江苏仪征人厉秀芳（字惕斋，1794—1867）在《真州竹枝词引》中是这样说的："霜降节祀旗纛神，游府率其属，枯盔贯铠，刀矛雪亮，旗帜鲜明。往来于道，谓之'迎霜降'。尝见由南城墙上，而东而北下至教场，军容甚肃……"

扫墓。古时候，霜降时节人们还要去扫墓。据《清通礼》记载："岁寒食及霜降节，拜扫圹茔，届期素服诣墓，具酒馔及芟剪草木之器；周胝封树，剪除荆草，故称扫墓。"如今，霜降扫墓的风俗已少见。但霜降时节的十月初一"寒衣节"，在民间仍较为盛行。寒衣节，也称"十月朝""祭祖节""冥阴节""鬼节"等，与清明节、中元节并称为三大"鬼节"。为避免先人们在阴曹地府挨冷受冻，寒衣节这天晚上，人们要在门外焚烧夹有棉花的五色（红、黄、蓝、白、黑）纸，并且把饺子倒在一个灰圈内，意思是天气冷了，给先人们送去御寒的衣物。寒衣节寄托着今人对故人的怀念悲悯之情，也是亲人们为所关心的人送御寒衣物的日子。

赏菊赏枫。霜降时节正是秋菊盛开的时候，我国很多地方在这时要举行菊花会，赏菊饮酒，北京文人多在天宁寺、陶然亭、龙爪槐等处举行菊花会。

霜降后也是赏枫的好时节。枫叶遭霜侵后叶子更加火红，色彩鲜艳，灿如锦绣。古人曾有"霜叶红于二月花"的诗句。国内如苏州的天平山、南京的栖霞山，都以枫叶美景著称。夕阳西下，红叶参差交错，驰目远眺，仿佛珊瑚火海，十分壮观。

习武。阴历九月万物凋零，天气萧森，是杀伐的象征。古人为了顺应秋天的严峻肃杀，都在这个月操练战阵，进行围猎。正如《春秋感精符》所记载："季秋霜始降，鹰隼击，王者顺天行诛，以成肃杀之威。"自汉代以来，就在季秋之月讲习武事，操演比试射技，以进行赏罚，已沿袭成为惯例。贾思勰的《齐民要术》还将其列为农家九月中的事宜，"缮五兵，习战射，以备寒冻穷厄之寇"。

秋猎。古时秋猎常在此时进行。概木叶尽落，鸟兽不易躲藏，山泽路径也容易辨认，非常适宜打猎。过去，年轻力壮的人，常带着猎具和鹰犬，大举狩猎。林深木茂的地方，不论平原还是山谷，可以圈定一处，称之为围场。狩猎者人数可多可少，但均分成两翼，由远而近，渐渐逼近，合围猎物。

斗鹌鹑。明末清初陆启浤写的《北京岁华记》记载北方人在霜降后斗鹌鹑，人将鹌鹑笼在袖中，如同捧着珍宝。南方大多在晚上斗鹌鹑，决胜负。考究的人以皮手套将鹌鹑把在袖中，以此作为消遣。

唐、宋时期赛鹑在皇宫和民间都非常盛行。据《唐外史》载，西凉地区经过驯化，进贡给唐明皇的鹌鹑，可以随金鼓的节奏而争斗。宋徽宗更喜欢饲养好斗的鹌鹑，以供取乐。后来曾有《鹌鹑谱》总结养鹌鹑的经验。到了明、清年间，斗鹑已成了达官贵人的一种赌博方式。

吃柿子。霜降时节在南方很多地区都有吃柿子的习俗。俗话说："霜降吃丁柿，不会流鼻涕。"民间认为霜降吃柿子，冬天就不会感冒、流鼻涕。事实上，由于柿子都是在霜降前后完全成熟，此时节的柿子皮薄、肉多、味鲜美，且营养丰富，深受喜爱，因而就形成霜降时节吃柿子的习俗。此时天气转寒，吃柿子不仅可以防寒保暖，而且还能补筋骨，非常适合霜降时节食用。有些地方则认为此时节吃柿子，到了冬天嘴唇就不会干裂。

送芋鬼。在广东佛山高明地区，霜降有"送芋鬼"的习俗。人们会用瓦片堆砌成河内塔，在塔里面放入干柴点燃，火烧得越旺越好，直至瓦片烧红，再将河内塔推倒，用烧红的瓦片煨芋头，这在当地称为"打芋煲"，最后把瓦片丢到村外，称为"送芋鬼"。人们以这样的方式，辟凶迎祥。

民间禁忌

忌不见霜。云南谚语说："霜降无霜，碓头没糠。"霜降无霜，来年可能闹饥荒。在江苏太仓一带，则有"霜降见霜，米烂陈仓"之说，意思是霜降日见霜，来年就会是个丰收年，米多得都烂在仓库里。若未到霜降而下霜，稻谷收成受到影响，米价就高，有谚语说："未霜见霜，卖米人人像霸王。"彝族则忌霜降日用牛犁田，认为会导致草枯。

忌刮风。东北地区在霜降这一天是禁忌刮风的，人们认为要是在这一天刮风，接下来的气温会非常冷，猪会被冻死。在这一天人们会专门举行一个盛会，让这个时节热闹起来，让人们忘记寒冷。在霜降当天晚上，每家每户都会拿上自家的特产来到广阔的田野之上，在田野里摆上桌椅，在田野中间堆上柴火，大家围着火堆尽情歌唱。人们希望用这种方式温暖大地，让接下来的冬天可以暖暖地度过，希望牲畜可以平安过冬。

饮食养生

民间有"冬补不如补霜降"的说法。霜降是秋季的最后一个节气，秋令属金，脾胃为后天之本，此时宜平补，尤其应健脾养胃，以养后天。健脾养阴润燥的食物有很多，如玉蜀黍、萝卜、栗子、秋梨、百合、蜂蜜等。当然，也可配合药膳进行饮食调养。白果萝卜粥可固肾补肺，止咳平喘。清蒸人参鸡具有滋补肾阴、补血益气的功效。也可用花生米大枣烧猪蹄，同样具有以上功效。

进补。民间有先"补重阳"后"补霜降"的说法。霜降时节，天气越发寒冷，民间食俗也非常有特色。古人秋天吃羊肉和兔肉进补。因此，民间就有"煲羊肉""煲羊头""迎霜兔肉"的食俗。医书上也有加"四珍""八珍"的补药煲羊肉，可以辅疗肺病、疟疾的记载。迎霜兔肉就是经霜（即霜降）的兔子肉，这时候的兔肉味道鲜美，营养价值较高。

吃干果、水果。栗子具有养胃健脾、补肾强筋、活血止血、止咳化痰的功效，是这时的进补佳品。霜遍布在草木土石上，俗称打霜。而经过霜覆盖的蔬菜，如菠菜、冬瓜，吃起来味道特别鲜美；霜打过的水果，如葡萄，就很甜。

冬 景

刘克庄

晴窗早觉爱朝曦，竹外秋声渐作威。

命仆安排新暖阁，呼童熨贴旧寒衣。

叶浮嫩绿酒初熟，橙切香黄蟹正肥。

蓉菊满园皆可羡，赏心从此莫相违。

　　刘克庄，初名灼，字潜夫，号后村，南宋豪放派诗人、辛派词人重要代表。这首诗描写的是晚秋初冬景色，先写景，再叙事，最后一句抒怀，一气呵成，戛然而止。作者没有因为冬天的到来而感伤，却是眉飞色舞、得意享受的神态。

立 冬

立冬南风无雨雪。

立冬北风冰雪多，

立冬无雨一冬干。

重阳无雨看立冬，

立冬雨，一冬雨。

立冬晴，一冬晴；

雷打冬，十个牛栏九个空。（北方）

立冬东北风，冬季好天空。（闽南）

霜降腌白菜，立冬不使牛。（北方）

立冬打雷要反春。（北方）

立冬有雨防烂冬，立冬无鱼防春旱。

立冬小雪紧相连，冬前整地最当先。

立冬之日起大雾，冬水田里点萝卜。

立冬落雨会烂冬，吃得柴尽米粮空。

立冬补冬，补嘴空。

逢雪宿芙蓉山主人

刘长卿

日暮苍山远，天寒白屋贫。

柴门闻犬吠，风雪夜归人。

刘长卿，字文房，唐开元中进士，历任监察御史。这首诗描绘的是一幅风雪夜归图。全诗按时间顺序写，先写旅客在山路上行进时所感，到达投宿人家时所见，最后是入夜后在投宿人家所闻。

小 雪

瑞雪兆丰年。

小雪封地，大雪封河。

小雪收葱，不收就空。（山东）

小雪不耕地，大雪不行船。

小雪地不封，大雪还能耕。

小雪地能耕，大雪船帆撑。

小雪不砍菜，必定有一害。

到了小雪节，果树快剪截。

小雪雪满天，来年必丰年。（河北）

小雪不起菜（白菜），就要受冻害。

小雪节到下大雪，大雪节到没了雪。

小雪大雪不见雪，小麦大麦要瘪。

小雪虽冷窝能开，家有树苗尽管栽。

立冬小雪北风寒，棉粮油料快收完。

沁园春·雪

毛泽东

北国风光，千里冰封，万里雪飘。望长城内外，惟余莽莽；大河上下，顿失滔滔。山舞银蛇，原驰蜡象，欲与天公试比高！须晴日，看红装素裹，分外妖娆。

江山如此多娇，引无数英雄竞折腰。惜秦皇汉武，略输文采；唐宗宋祖，稍逊风骚。一代天骄，成吉思汗，只识弯弓射大雕。俱往矣，数风流人物，还看今朝！

这首词是毛主席于1936年2月所作。"沁园春"为词牌名。这首词画面雄伟壮阔而又妖娆美好，意境壮美雄浑，气势磅礴，感情奔放，胸怀豪迈。上片描写北国雪景，展现祖国山河的壮丽；下片由祖国山河的壮丽引出英雄人物，纵论历代英雄，抒发诗人的抱负。

大雪

明年吃馍馍。

大雪纷纷落，

来年收成好。

今冬大雪飘，

明年吃白面。

今冬雪不断，

大雪三白，有益菜麦。

雪在田，麦在仓。

白雪堆禾塘，明年谷满仓。

冬雪一层面，春雨满囤粮。

雪多下，麦不差。

冬无雪，麦不结。

雪有三分肥。

邯郸冬至夜思家

白居易

邯郸驿里逢冬至，抱膝灯前影伴身。
想得家中夜深坐，还应说着远行人。

　　白居易，字乐天，晚年又号香山居士，唐代伟大的现实主义诗人，中国文学史上负有盛名且影响深远的诗人和文学家，有"诗魔"和"诗王"之称。这首诗反映了游子思乡之情，作者在冬至节日深夜伴孤灯，遥想家中的亲人也一定是深夜不眠，思念漂泊在外的亲人。

冬　至

冬至大如年。

阴过冬至晴过年。

冬至不冷，夏至不热。

冬至有雪，九九有雪。

冬至暖，烤火到小满。

冬至下场雪，夏至水满江。

冬至没打霜，夏至干长江。

冬至晴一天，春节雨雪连。

冬至毛毛雨，夏至涨大水。

冬至西北风，来年干一春。

冬至强北风，注意防霜冻。

冬至出日头，过年冻死牛。

冬至天气晴，来年百果生。

冬至萝卜夏至姜，适时进食无病痛。

冬至落雨星不明，大雪纷纷步难行。

腊梅香

喻陟

晓日初长，正锦里轻阴，小寒天气。未报春消息，早瘦梅先发，浅苞纤蕊。揾玉匀香，天赋与、风流标致。问陇头人，音容万里。待凭谁寄。一样晓妆新，倚朱楼凝盼，素英如坠。映月临风处，度几声羌管，愁生乡思。电转光阴，须信道、飘零容易。且频欢赏，柔芳正好，满簪同醉。

喻陟，字明仲，宋神宗元丰四年（1081年）为开封府司录参军，哲宗元祐元年（1086年）为福建路提点刑狱。这首词是咏梅杰作。在小寒天气下，梅花不畏严寒"生发"，还散发着香气，"梅花香自苦寒来"。

小 寒

小寒大寒，冻成一团。

小寒大寒，准备过年。

大雪年年有，不在三九在四九。

腊月三场白，来年收小麦。

腊月三场雾，河底踏成路。

三九不封河，来年雹子多。

小寒胜大寒，常见不稀罕。

腊七腊八，出门冻煞。

腊七腊八，冻死旱鸭。

腊七腊八，冻裂脚丫。

腊月三白，适宜麦菜。

三九、四九，冻破碓臼。

小寒节，十五天，七八天处三九天。

小寒时处二三九，天寒地冻北风吼。

白居易，字乐天，号香山居士，唐代著名诗人。这首诗分两大部分，前一部分写农民在北风如剑、大雪纷飞的寒冬，缺衣少被，夜不能眠，他们是多么痛苦呵！后一部分写自己在这样的大寒天却是深掩房门，有吃有穿，又有好被子盖，既无挨饿受冻之苦，又无下田劳动之勤。作者把自己的生活与农民的痛苦作了对比，深深感到惭愧和内疚，以致发出"自问是何人"的慨叹。

村居苦寒

白居易

八年十二月，五日雪纷纷。
竹柏皆冻死，况彼无衣民。
回观村闾间，十室八九贫。
北风利如剑，布絮不蔽身。
唯烧蒿棘火，愁坐夜待晨。
乃知大寒岁，农者尤苦辛。
顾我当此日，草堂深掩门。
褐裘覆絁被，坐卧有余温。
幸免饥冻苦，又无垄亩勤。
念彼深可愧，自问是何人。

大寒

小寒大寒，杀猪过年（春节）。

过了大寒，又是一年。

大寒到顶点，日后天渐暖。

小寒不如大寒寒，大寒之后天渐暖。

大寒日怕南风起，当天最忌下雨时。

大寒天气暖，寒到二月满。

大寒一夜星，谷米贵如金。

大寒不寒，春分不暖。

大寒不冻，冷到芒种。

立冬

立冬即事二首

[宋] 仇远

细雨生寒未有霜，庭前木叶半青黄。

小春此去无多日，何处梅花一绽香。

　　立冬是冬季的第一个节气，每年 11 月 7 日或 8 日交节，此时太阳已到达黄经 225°。《月令七十二候集解》："立冬，十月节……冬，终也，万物收藏也。"意思是说秋季作物全部收晒完毕，收藏入库；动物也已藏起来准备冬眠，规避寒冷。

气候变化

民间习惯以"立冬"为冬季的开始。但是我国幅员辽阔，除全年无冬的华南沿海和长冬无夏的青藏高原地区外，各地的冬季并不是同时开始的。按气候学划分四季标准，以下半年候（5天）平均气温降到10℃以下为冬季，则"立冬，冬日始"的说法与黄淮地区的气候规律基本吻合。根据以往的经验，我国最北部的漠河及大兴安岭以北地区，9月上旬就进入漫长的冬季了；10月上中旬，西北、东北的部分地区先后迈入冬天的门槛；首都北京于10月下旬也已一派冬天的景象；10月底到11月初，冬季来到东北南部、华北、黄淮地区；而在11月底小雪节气期间，长江流域才可以看到冬天的景象；12月初，冬季逼近两广北部的武夷山脉和南岭北坡。

寒潮。立冬时北方冷空气也已具有较强的势力，常频频南侵，有时形成大风、降温并伴有雨雪的寒潮天气。从多年的平均状况看，11月是寒潮出现最多的月份。剧烈的降温，特别是冷暖异常的天气对人们的生活、健康，以及农业生产均有严重的不利影响。

降水。立冬前后，我国大部分地区降水显著减少，空气一般渐趋干燥，土壤含水较少。高原雪山上的雪已不再融化。在华北等地可能出现初雪。长江以北和华南地区的雨日和雨量均比江南地区要少。西南地区典型的华西连阴雨结束，但相对全国雨水基本都少的情况，它还是雨水偏多的地方。按照西南地区降水的时间分布，11月进入了一年中的干季。西南西北部干季的特点更加明显。四川盆地、贵州东部、云南西南部，11月还有50毫米以上的雨量。在云南，晴天温暖，雨天阴冷，有"四季如春，一雨便冬"的说法。如果遇到较强的冷空气入侵，有暖湿气流呼应，南方地区的雨量还会较大。

农事活动

立冬前后，我国大部分地区降水显著减少。东北地区大地封冻，农林作物进入越冬期；江淮地区"三秋"已接近尾声；江南地区正忙着抢种晚茬冬麦，抓紧移栽油菜；而华南地区却是"立冬种麦正当时"的最佳时期。此时水分条件的好坏与农作物的苗期生长及越冬都有着十分密切的关系。华北及黄淮地区要在日平均气温下降到4℃左右，田间土壤夜冻昼消之时，抓紧时机浇好麦、菜及果园的冬水，补充土壤水分不足，改善田间小气候环境，防止"旱助寒威"，减轻和避免冻害的发生。江南及华南地区，开好田间"丰产沟"，搞好清沟排水，防止冬季涝渍和冰冻危害。

晒粮越冬。立冬时节正是秋收冬种的大好时段，各地要充分利用晴好天气，搞好晚稻的收、晒、晾，保证入库质量。冬小麦播种要抓紧，注意收听气象预报，巧用天时，下雨早播，不如抢晴略为迟播，以保证播种质量，力求做到带蘖越冬，防止年内拔节，并尽量扩大冬种面积，减少空闲田。各地要抓好冬种、冬修水利、冬季积肥工作。

种葱、蒜。立冬时节虽然天气变冷，但有些作物能在入冬前抢种，如黄河中下游地区这时还可以种大葱和大蒜，农谚说："十月半，种大蒜。"另外立冬也是收获秋菜的时节，若不及时收摘，很容易受到冰雪的危害，因此也有"立冬不起菜，必定要受害"之说。

传统习俗

斋三官。 农历十月十五，是古老的"下元节"，也是"水官生日"。此时，正值农作物收获季节，武进一带几乎家家户户用新谷磨糯米粉做小团子，包素菜馅心，蒸熟后在大门外"斋天"。有旧时俗谚云："十月半，牵砻团子斋三官。"以此祈求风调雨顺。《梦粱录》中是这样记载："十月十五日，水官解厄之日。官观士庶设斋建醮，或解厄，或荐亡。"可见唐宋时代人们对这个节日已经极为重视。辛亥革命以后，此风俗逐渐被废除，慢慢地人们对"三元"的认识也逐渐模糊，三官生日也渐渐淡出人们的记忆，但是"斋三官"的风俗还一直传承着，只是现在主要是在这个时节用新米磨粉做团子。有些人还会按古时习俗在大门口竖起一个"天杆"，白天在杆顶张挂杏黄旗，晚上换上三盏"天灯"，以祭祀天、地、水"三官"。

迎冬。 古时立冬之日，天子有北郊迎冬之礼，并有赐群臣冬衣、矜恤孤寡之制。后世大体相同。立冬前三天，负责天象观测记录的官员太史要特地向天子察报："某日立冬，盛德在水。"于是，天子斋戒三天，立冬这天沐浴更衣，率三公九卿大夫到京郊六里处迎接冬气。迎回冬气后，天子要对为国捐躯的烈士及其家小进行表彰与抚恤。

拜冬。"拜冬"习俗始于汉代，东汉崔寔《四民月令》中是这样记载的："冬至之日进酒肴，贺谒君师耆老，一如正日。"到了宋代，每当到了立冬时节人们就会换新衣，就像过年一样。直到清代，"至日为冬至朝，士大夫家拜贺尊长，又交相出谒。细民男女，亦必更鲜衣以相揖"，"拜冬"因此而得名。后来贺冬的传统风俗变得普遍和简单化了。人们会在这一天办冬学。冬学是一种"训练班"，专门招收有专长的人，训练他们的专业知识，培养人才。冬学的地点一般会选在庙宇和公房中。

补冬。 农历十月立冬，又叫"交冬"，时序进入冬令，民间有"入冬日补冬"的食俗。古人认为天转寒冷，要补充身体营养。劳动了一年，利用立冬这一天要休息，顺便犒赏一家人的辛苦，而且此时最宜进补。食补可补充元气，抵御冬天的严寒，俗语即说"立冬补冬，补嘴空"。补冬在我国北方大部分地区都有吃饺子的食俗，在南方立冬这天补冬的方式是吃些鸡鸭鱼肉等。在台湾，立冬这一天，街头的羊肉炉、姜母鸭等冬令进补餐厅高朋满座，许多家庭还会炖麻油鸡、四物鸡来补充能量。另外，进补人参、鹿茸、狗肉及鸡鸭炖八珍等，也是较流行的补冬方式。

吃饺子。 北方"补冬"习俗，要吃饺子，因为饺子来源于"交子之时"的说法。大年三十是旧年和新年之交，立冬是秋冬季节之交，故"交"子之时的饺子不能不吃。

吃熏肉、酿黄酒。 湖南醴陵人在立冬这天，要开始熏制有名的"醴陵焙肉"，这种肉用灶上的烟火慢慢熏焙而成，尤以松枝熏出来的肉为上品。在浙江绍兴，立冬亦是开酿黄酒之日，这天要祭祀"酒神"，祈求福祉。

祭祖、饮宴。 立冬是寒风乍起的节气，也是收获、祭祀与丰年宴会隆重举行的时间，有"十月朔""秦岁首""寒衣节""丰收节"等节日。在汉族民间，有祭祖、饮宴、卜岁等习俗，以时令佳品向祖灵祭祀，以尽为人子孙的义务和责任，祈求上天赐给来岁的丰年，农民自己亦获得饮酒与休息的酬劳。

放牧。 冬季寒冷漫长，嫩草很少，喂养牲口一般都是干草料。为了改善

牲畜营养，人们会在严冬来临之前的深秋和初冬季节放牧，于是就有了立冬放牛吃青草的习俗。麦地里一层青草铺满大地，人们会在初冬到麦田放牧。

饮食养生

养生要遵循"秋冬养阴""无扰乎阳""虚者补之，寒者温之"的古训，随四时气候的变化而调节饮食。元代忽思慧所著《饮膳正要》曰："冬气寒，宜食黍，以热性治其寒。"也就是说，少食生冷，但也不宜燥热，有的放矢地食用一些滋阴潜阳、热量较高的膳食为宜，同时也要多吃新鲜蔬菜以避免维生素的缺乏。这里须注意的是，我国幅员辽阔，地理环境各异，人们的生活方式不同，同属冬令，西北地区与东南沿海的气候条件迥然有别。冬季的西北地区天气寒冷，进补宜大温大热之品，如牛肉、羊肉、狗肉等；而长江以南地区虽已入冬，但气温较西北地区要温和得多，进补应以清补甘温之味，如鸡、鸭、鱼类等；地处高原山区，雨量较少且气候偏燥的地带，则应以甘润生津之品的果蔬、冰糖为宜。除此之外，还要因人而异，因为食有谷肉果菜之分，人有男女老幼之别，体（体质）有虚实寒热之辨，本着人体生长规律，中医养生原则，少年重养，中年重调，老年重保，耄耋重延。故"冬令进补"应根据实际情况有针对性地选择清补、温补、小补、大补，万不可盲目"进补"。

温热补益。 在寒冷的天气中，应该多吃一些温热补益的食物，这不仅能使身体更强壮，还可以起到很好的御寒作用。一般人可以适当食用一些热量较高的食品，特别是北方，要适当增加主食和油脂的摄入，保证优质蛋白质的供应，如狗肉、羊肉、牛肉、鸡肉、鹿肉、虾、鸽、鹌鹑、海参等食物中富含蛋白质及脂肪，产热量多，御寒效果好。但同时也要多吃新鲜蔬菜，吃一些富含维生素和易于消化的食物。

吃含碘、维生素的食物。 立冬时节气温骤降，身体一些部位对寒冷特别敏感，应当特别注意饮食保暖。海带、紫菜可促进甲状腺素分泌。人体的甲状腺分泌物中有一种叫甲状腺素，它能加速体内很多组织细胞的氧化，增加身体的产热能力，使基础代谢率增强，皮肤血液循环加快，抗冷御寒，而含碘的食物可以促进甲状腺素分泌。含碘丰富的食物有：海带、紫菜、发菜、海蜇、菠菜、大白菜、玉米等。另外，动物肝脏、胡萝卜也可增加抗寒能力。寒冷气候使人体维生素代谢发生明显变化，增加摄入维生素 A 和维生素 C，可增强耐寒能力和对寒冷的适应力，并对血管具有良好的保护作用。维生素 A 主要来自动物肝脏、胡萝卜、深绿色蔬菜等，维生素 C 则主要来自新鲜水果和蔬菜。

少吃咸，多吃苦味食物。 立冬时应少食咸，多吃点苦味的食物。冬季为肾经旺盛之时，而肾主咸，心主苦。从祖国医学五行理论来说，咸胜苦、肾水克心火。若咸味吃多了，就会使本来就偏亢的肾水更亢，从而使心阳的力量减弱，所以应多食些苦味的食物，以助心阳，这样就能抗御过亢的肾水。正如《四时调摄笺》里所说："冬月肾水味咸，恐水克火，故宜养心。"

小 雪

[宋] 释善珍

云暗初成霰点微，旋闻薮薮洒窗扉。

最愁南北犬惊吠，兼恐北风鸿退飞。

梦锦尚堪裁好句，鬓丝那可织寒衣。

拥炉睡思难撑拄，起唤梅花为解围。

　　小雪节气此时太阳到达黄经240°，11月22日或23日交节。此时开始降雪，雪量小，地面无积雪。古籍《群芳谱》中说："小雪气寒而将雪矣，地寒未甚而雪未大也。"这就是说，到小雪节气由于天气寒冷，降水形式由雨变为雪，但此时由于"地寒未甚"，故雪量还不大，所以称为小雪。因此，小雪表示降雪的起始时间和程度，和雨水、谷雨等节气一样，都是直接反映降水的节气。

气候变化

小雪节气，东亚地区已建立起比较稳定的经向环流，西伯利亚地区常有低压或低槽，东移时会有大规模的冷空气南下，我国东部会出现大范围大风降温天气。小雪节气是寒潮和强冷空气活动频数较高的节气。

气温低。 小雪阶段比入冬阶段气温低，冷空气使我国北方大部地区气温逐步达到0℃以下。据气象记录，北京、天津、济南、郑州、西安等地，初雪期均在11月下旬，即小雪节气前后。然而，东北、内蒙古、新疆北部等地，在此前一个月就下雪了。长江以南地区，一般则要在"小雪"后一个月才见初霜。北方的冬天气温虽然经常在零度以下，且通常伴随着呼啸的狂风，可即便气温再低，只要看到太阳，就像顷刻间触到暖意。

小雪。 根据气象观测资料，黄河中下游地区的平均初雪日一般都在11月下旬，这说明，以开始降雪来作为小雪节气的气候含义是完全符合黄河中下游地区的气候特征。从这时开始，从天而降的就不再是雨水，而应该是雪花了。但这时刚进入冬季不久，气温也没有降得很多，所以雪下得不很大，下到地上很快就会融化，形不成明显的积雪。如果冷空气势力较强，暖湿气流又比较活跃的话，也有可能下大雪。

农事活动

农谚道："小雪雪满天，来年必丰年。"这里有三层意思，一是小雪落雪，来年雨水均匀，无大旱涝；二是下雪可冻死一些病菌和害虫，来年减轻病虫害的发生；三是积雪有保暖作用，利于土壤的有机物分解，增强土壤肥力。因此俗话说"瑞雪兆丰年"，是有一定科学道理的。

防寒收菜。 北方地区小雪节气以后，果农开始为果树修枝，以草秸编箔包扎株秆，以防果树受冻。且冬日蔬菜多采用土法贮存，或用地窖，或用土埋，以利食用。俗话说"小雪铲白菜，大雪铲菠菜"，如果误了农时，那就"小雪不收菜，冻了莫要怪"了。白菜深沟土埋储藏时，收获前十天左右即停止浇水，做好防冻工作，以利贮藏。尽量择晴天收获，收获后将白菜根部向阳晾晒3~4天，待白菜外叶发软后再进行储藏。

收晚稻、播冬麦。 在南方，小雪节气仍是秋收秋种的大忙季节，除收获晚稻外，秋大豆、秋花生、晚甘薯也都要相继收挖。

小雪是小麦播种的关键时期，应在小雪后三五天播种完毕。因为这时气温尚高，日照充足，有利于出苗。播种时应施足基肥，遇干旱要及时灌水和中耕除草，对播种时未施基肥或基肥不足的，要及时追肥。小麦种完后，就要抓紧播种大麦，大麦的生育期比小麦短，迟播早熟，适应性广，可适当多种，单、双季稻田均可以种，并不影响早稻的适时播种。

传统习俗

腌寒菜。 小雪节气，人们开始准备御寒衣物、手炉、汤婆之类，同时房内挂棉帘以防寒。家家户户开始腌制、风干各种蔬菜（包括白菜、萝卜），以及鸡鸭鱼肉等，延长蔬菜、肉类等的存放时间，以备过冬食用。

华东江浙一带会在小雪时节腌寒菜。清代厉惕斋在其《真州竹枝词引》描述此情景："小雪后，人家腌菜，曰'寒菜'。"除此之外，还要把糯米炒熟储存起来，以供寒冬时泡开水吃，当地民谚说："炒糯米曰'炒米'，蓄以过冬。"

腌香肠、腊肉。小雪节气后，一些农家开始自己做香肠、腊肉。在我国，腌制腊肉已有几千年的历史，民间有"冬腊风腌，蓄以御冬"的说法。每到冬腊月，即"小雪"至"立春"前，每家每户都要杀猪宰羊，除保留够过年用的鲜肉之外，还要再留出一部分，人们用食盐，配上花椒、大料、桂皮、丁香等香料，把肉腌在缸里。经过7~15天之后，用棕叶或者竹篾绳索穿挂起来，滴干水，再用柏树枝条树叶、甘蔗皮熏烤，最后挂起来用烟火慢慢熏干而制成腊肉。等到春节时正好拿来享用。只因小雪后气温迅速下降，天气变得干燥，是加工腊肉的好时期。

酿酒。民间小雪日酿酒，称之为小雪酒。《诗经·国风》中就有"十月获稻，为此春酒，以介眉寿"的说法。酿酒多在冬季，因为此时农事已毕，谷物收获，而岁末祭祀多需要用到酒。近代各地民间酿酒大多仍按照这个时间。浙江安吉入冬后，家家酿制林酒，称之为过年酒。平湖一带农历十月上旬酿酒贮存，称之为十月白。用纯白面做酒曲，并用白米、泉水来酿酒的，叫作三白酒。到春月在其中加入少许桃花瓣，又称之为桃花酒。江山一带在冬季汲取井华水酿酒，藏到来年春天桃花开放时饮，称之为桃花酒。孝丰在立冬酿酒，长兴在小雪后酿酒，都称为小雪酒，该酒储存到第二年，色清味洌。这是因为小雪时，水极其清澈，足以与雪水相媲美。

白雪节。"十月小雪雪满天，明年必定是丰年。"小雪节的降雪，对农业生产非常有益。我国维吾尔族有传统节日"白雪节"，人们在第一场雪降落时举行庆祝活动，相互请客吃饭，朋友们相聚一方歌舞，欢乐至深夜。

晒鱼干。 小雪时台湾中南部海边的渔民们会开始晒鱼干、储存干粮。乌鱼群会在小雪前后来到台湾海峡，另外还有旗鱼等。台湾俗谚"十月豆，肥到不见头"，是指在嘉义县布袋一带，到了农历十月可以捕到"豆仔鱼"。

杀年猪。 小雪前后，土家族又开始了一年一度的"杀年猪，迎新年"民俗活动，给寒冷的冬天增添了热烈的气氛。吃"刨汤"，是土家族的风俗习惯。在"杀年猪，迎新年"民俗活动中，用热气尚存的上等新鲜猪肉，精心烹饪而成的美食称为"刨汤"，用来款待亲朋好友。

饮食养生

宜吃热量高的食物。 在饮食上要多吃热量较高的食物，并要尽量避免吃冷食，以免胃口不适，造成消化不良。在北方，小雪时节，一般人家都要吃涮羊肉。这个季节宜吃的温补食品有羊肉、牛肉、鸡肉等，宜吃的益肾食品有腰果、芡实、山药、栗子、白果、核桃等。另外，要多吃炖食和黑色食品，如黑木耳、黑芝麻、黑豆等。

吃性冷的食物。 小雪时候适当进补可平衡阴阳，但进食过多高热量的补品，会导致胃、肺火盛，表现为上呼吸道、扁桃腺、口腔黏膜炎症或便秘、痔疮等。因此，进补的时候尤其要注意是否符合进补的条件，虚则补，同时应当分清补品的性能和适用范围，还应再吃些性冷的食物，如萝卜、松花蛋等。

大雪

朔风吹雪飞万里

江 雪

[唐] 柳宗元

千山鸟飞绝，万径人踪灭。
孤舟蓑笠翁，独钓寒江雪。

　　大雪节气交节在 12 月 7 日或 8 日，此时太阳到达黄经 255°，直射点快接近南回归线，北半球昼短夜长，因而民间有"大雪小雪，煮饭不息""大雪小雪，烧锅不歇"等说法，用以形容白昼短到一天内几乎要连着做三顿饭了。《月令七十二候集解》载："大雪，十一月节。大者，盛也。至此而雪盛矣。"此时祖国上下万里雪飘的情形十分常见，用唐朝诗人柳宗元的"千山鸟飞绝，万径人踪灭"来形容再恰当不过了。

气候变化

大雪时节，除华南和云南南部无冬区外，我国辽阔的大地均已披上冬日盛装。东北、西北地区平均温度已降至 −10℃ 以下，黄河流域和华北地区气温稳定在 0℃ 以下。在气候正常年份，黄河流域以及以北地区已有积雪出现，冬小麦已停止生长。大雪以后，江南进入隆冬时节，各地气温显著下降，常出现冰冻现象，"大雪冬至后，篮装水不漏"，就是这个时间的真实写照。但是有些年份也不尽然，气温较高，无冻结现象，往往造成后期雨水多。

大雪暴雪。大雪时节气温逐渐下降，下雪量也不断加大，地上已经开始有积雪了。往往在强冷空气前沿冷暖空气交锋的地区，会降大雪，甚至暴雪。然而，虽然大雪的意思是天气更冷，降雪的可能性比小雪时更大，但不指降雪量一定很大。相反，大雪后各地降水量均进一步减少，东北、华北地区 12 月平均降水量一般只有几毫米，西北地区还不到 1 毫米。

冻雨。强冷空气到达南方，特别是贵州、湖南、湖北等地，容易出现冻雨。冻雨是从高空冷层降落的雪花，到中层有时融化成雨，到低空冷层，又成为温度虽低于 0℃，但仍然是雨滴的过冷却水。过冷却水滴从空中下降，当它到达地面，碰到地面上的任何物体时，立刻发生冻结，就形成了冻雨。

雨、雾。在南方，特别是广州及珠三角一带，此时依然草木葱茏，干燥的感觉还是很明显，与北方的气候相差很大。南方地区冬季气候温和而少雨雪，平均气温较长江中下游地区约高 2~4℃，雨量仅占全年的 5% 左右。偶有降雪，大多出现在 1、2 月份；地面积雪三五年难见到一次。这时，华南气候还有多雾的特点，一般 12 月是雾日最多的月份。雾通常出现在夜间无云或少云的清晨，气象学称之为辐射雾。"十雾九晴"，雾多在午前消散，午后的阳光会显得格外温暖。

农事活动

保苗抗寒。大雪节气后，冬小麦完全进入冬眠状态，停止生长，麦田管理要以保苗为主。冬季气温低，西北风多，风速强，空气干燥，如果麦田整地粗糙，坷垃多，底墒不足。因此，防止冬小麦的干旱死苗是这个季节里很重要的工作，必要时应在麦田里增加盖土，填补田间裂缝。在此期间，要抓住田间农活较少的时机，进行农田基本建设，兴修水利，开展积肥造肥活动，处理秸秆，消灭越冬害虫。

田间管理。江淮及以南地区的小麦、油菜仍在缓慢生长，仍要加强小麦、油菜等作物的田间管理，增温保墒，清沟排水，追施腊肥，为安全越冬和来春生长做好准备；华南、西南地区小麦进入分蘖期，应结合中耕施好分蘖肥，搞好冬季作物的清沟排水。此时虽在严寒天气下，但贮藏的蔬菜和薯类要时常检查，适时透气，以防温度上升过高、湿度过大引起烂窖。在不受冻害的前提下，应尽量地维持在较低的温度。

防虫害。大雪时，忌讳无雪。民间有"冬无雪，麦不结""大雪兆丰年，无雪要遭殃"的谚语，这是因为，严冬积雪覆盖大地，不仅可保暖，起到提升地温的作用；还可防止春旱，有助于冬小麦返青；更能冻死泥土中的病毒与病虫害。正因为大雪有如此好处，因此农民忌讳大雪日无雪。民间也有大雪日天气晴暖则预示来年人多疾病的说法。

传统习俗

腌肉。在南京有"小雪腌菜，大雪腌肉"的习俗。大雪节气一到，家家户户忙着腌制"咸货"。将大盐加八角、桂皮、花椒、白糖等入锅炒熟，待炒过的花椒盐凉透后，涂抹在鱼、肉和光禽内外，反复揉搓，直到肉色由鲜转暗，表面有液体渗出时，再把肉连剩下的盐放进缸内，用石头压住，放在阴凉背光的地方，半月后取出，将腌出的卤汁入锅加水烧开，撇去浮沫，放入晾干的禽畜肉，一层层码在缸内，倒入盐卤，再压上大石头，十日后取出，挂在朝阳的屋檐下晾晒干，以迎接新年。

纺织。大雪时节白天变短，夜晚会变得漫长。夜晚到来时，人们会纷纷进入自家的小作坊，在家中手工纺织，做刺绣，一直做到深夜。夜晚纺织逐渐成了南方地区的一个习俗。

赏雪景。自古大雪时节，全国各地多在冰天雪地里赏玩雪景。《东京梦华录》关于腊月有记载道："此月虽无节序，而豪贵之家，遇雪即开筵，塑雪狮，装雪灯，以会亲旧。"南宋周密《武林旧事》卷三有一段话描述了杭州城内的王室贵戚在大雪天里堆雪人、雪山的情形："禁中赏雪，多御明远楼，后苑进大小雪狮儿，并以金铃彩缕为饰，且作雪花、雪灯、雪山之类，及滴酥为花及诸事件，并以金盆盛进，以供赏玩。"

藏冰。大雪时节气温酷寒，温度低，非常适宜藏冰。官府或者民间这种藏冰的风俗历史悠久，《诗经》里就有记载："二之日凿冰冲冲，三之日纳于凌阴。"就是说十二月凿下冰块，正月里搬进冰窖中。古时一些有钱人家会储存冰块，为了保证藏冰质量，每年还要维修和保养冰库。冬季藏冰，等到天气热的时候开始用。

祭牧神。 我国滇西北泸沽湖地区的摩梭人自古流传着祭牧神节，于每年农历十一月十二日举行祭祀节日，此时正处于大雪时节。每年此日清晨，村寨中各家都准备好丰盛的早餐，最重要的是要煮一个猪心，作为在饭前特别祭献给"牧神"的心意。这一天，平常负责放牧的人要特别更换新衣以示庆贺收到来自家人的特殊礼遇，主妇要把最好的食物多分给他们，并把香肠、猪舌、猪蹄、米花糖、水果等放在一个大口袋里，足够他们在牧场吃六七天的，借此慰问放牧人的劳苦。

鄂温克和鄂伦春族的传统节日米特尔节，流行于内蒙古自治区陈巴尔虎旗。"米特尔"为鄂伦春语音直译，每年在农历十一月十三日举行。当地人们认为这一天是气候变冷的转折点，因此以过节表示重视。他们生活在大兴安岭一带，冬季十分寒冷，放牧与狩猎活动都极困难，所以要做好一切越冬的准备工作。是日有羊群的人，要把种羊归入羊群，并卖一些大牲畜，把过冬春食用的牛、羊宰杀后贮存起来，确保冬季有足够食用的冻肉和粮食。

民间禁忌

忌无雪。 雪对农作物的成长有好处，既可以保暖，提升地温，有利于小麦返青，还能防止病虫害发生。在一些种庄稼的地区，大雪时节禁忌不下雪。农谚道："冬无雪，麦不结。"雪是一个吉祥的象征，只有下雪才会有个好收成。农谚道："大雪兆丰年，无雪要遭殃。"

忌刮风。 一些地方大雪时节禁忌刮风，民谚道："大雪时节风刮起，身上冻伤要流血。"大雪这一天要是刮起大风，人们会认为今年大雪天气会特别寒冷，会出现身体冻伤现象。这一天每家每户都会在门前挂一个大红灯笼，夜晚点亮，观看雪景，还可以在灯光下面嬉戏。有些地方这一天会扭秧歌，在早上人们会换上喜庆的衣服来到大街上，排成整齐的队伍伴随着鼓乐声尽情舞蹈。

忌扫雪。东北地区大雪时节禁忌扫雪，特别是大雪时节当天。人们把雪当成是上天的恩赐，是吉祥圣物。每当有雪降临的时候，人们的心情都会变得开阔起来。在这一天人们会放下手中的事，聚集在广阔的麦田中呐喊歌唱。人们用这种方式来表达对大雪的喜爱，以及对这个时节的喜爱。

饮食养生

大雪是进补的好时节，素有"冬天进补，开春打虎"的说法。冬令进补能调节体内的物质代谢，使营养物质转化的能量最大限度地贮存于体内，有助于体内阳气生发，俗话说"三九补一冬，来年无病痛"。此时宜温补助阳，补肾壮骨，养阴益精。

吃富含蛋白质、维生素的食物。冬季食补应供给富含蛋白质、维生素和易于消化的食物。

饮食进补既要考虑地区间的差异，更要清楚自身的体质状况。冬季，北方天气寒冷，进补宜选温热之品，如牛肉、羊肉、狗肉等；南方的气温相对要高一些，所以进补应以平补为主，如鸡、鸭、鱼等；高原地区雨量较少且气候偏燥，人们应该适当多吃甘润生津的食品。

每个人的体质是不同的，饮食调养应有所区分。比如阴虚体质的人，可适当多食豆浆、鸡蛋、鱼肉、蜂蜜、山药、萝卜、牛奶、香蕉、雪梨等柔和甘润食物，以防燥护阴、滋肾润肺，忌食辣椒、胡椒等燥热食品；阳虚体质的人，可适当多吃豆类、大枣、山药、南瓜、韭菜、芹菜、鸡肉、桃等温热熟软的食物，忌食干硬、生冷食物。对一般人而言，大雪时节饮食也应以清燥润肺、滋阴补肾的食物为主。

宜食热粥。 大雪节气宜多食热粥，饮食忌生冷。晨起服热粥，晚餐宜节食，以养胃气。特别是羊肉粥、糯米红枣百合粥、八宝粥、小米牛奶冰糖粥等最适宜。还可常食有养心除烦作用的小麦粥、益精养阴的芝麻粥、消食化痰的萝卜粥、养阴固精的胡桃粥、益气养阴的大枣粥等。

吃新鲜蔬菜。 大雪节气，室内干燥，虽然冬季排汗、排尿量减少，但大脑与身体各器官的细胞仍需要水分滋养，才能保证正常的新陈代谢。新鲜蔬菜减少，会造成维生素 B 缺乏而诱发口角炎。因此，冬季应多喝水，多吃水果和蔬菜。

我国很多地方都流传着"冬吃萝卜夏吃姜，不劳医生开药方"的说法。萝卜具有很强的行气功能，还能止咳化痰、除燥生津、清凉解毒。郑板桥有一幅养生保健联也提到过萝卜与茶："青菜萝卜糙米饭，瓦壶天水菊花茶。"萝卜的养生、保健、药用效应与茶有着相融之处。

小 至

[唐]杜甫

天时人事日相催，冬至阳生春又来。

刺绣五纹添弱线，吹葭六琯动浮灰。

岸容待腊将舒柳，山意冲寒欲放梅。

云物不殊乡国异，教儿且覆掌中杯。

　　冬至交节时间为 12 月 21 日或 22 日，此时太阳运行至黄经270°，直射南回归线，阳光在北半球最倾斜。《月令七十二候集解》载："终藏之气，至此而极也。"《太平御览》载："冬至有三义，一者阳极之至，二者阳气之至，三者日行南至，故谓冬至。"冬至日是北半球一年中黑夜最长、白昼最短的一天，因此又叫"日短至"。过了冬至以后，太阳直射点逐渐向北移动，北半球白天逐渐变长，所以有俗话说："吃了冬至面，一天长一线。"

气候变化

　　冬至前后，虽然北半球日照时间最短，接收的太阳辐射量最少，但地面获得的太阳辐射仍比地面辐射散失的热量少，故这时气温还不是最低。从冬至这天开始，我国北方就进入了"数九寒天"。从前，人们将冬至后的81天分为9个阶段，每个阶段为9天，这就是民间说的"冬九九"。流传于黄河流域的"九九歌"生动地描述了从冬至日到来年春分日81天的气候、物候变化以及农事活动相关规律："一九二九不出手；三九四九冰上走；五九六九沿河看柳；七九河开，八九雁来；九九加一九，耕牛遍地走。"

　　我国民间有"冬至不过不冷"之说，天文学上也把"冬至"规定为北半球冬季的开始。冬至后，虽进入了"数九天气"，但我国地域辽阔，各地气候景观差异较大。东北大地千里冰封，琼装玉琢；黄淮地区也常常是银装素裹；大江南北这时平均气温一般在5℃以上，冬作物仍继续生长，菜麦青青，一派生机，正是"水国过冬至，风光春已生"；而华南沿海地区的平均气温则在10℃以上，更是花香鸟语，满目春光。

农事活动

　　冬至前后是兴修水利、大搞农田基本建设、积肥造肥的大好时机，同时要施好腊肥，做好防冻工作。江南地区更应加强冬作物的管理，做好清沟排水，培土壅根，对尚未犁翻的冬壤板结要抓紧耕翻，以疏松土壤，增强蓄水保水能力，并消灭越冬害虫。已经开始春种的南部沿海地区，则需要认真做好水稻秧苗的防寒工作。

传统习俗

冬除。 冬至是二十四节气中很受重视的一个大节，历来有"冬至大如年""过小年"之说。冬至前一天和除夕类似，称为"冬除"，冬至前夜饮酒谓之"分冬酒"，"节令分冬一醉休"，有些地区还有守"冬除"夜的风俗。唐宋时，以冬至和岁首，也就是春节、新年并重。

祭天。 冬至日最重要的习俗是祭祀，包括祭天和祭祖。从周代起，冬至这天，民间和官府宫廷都要举行盛大的祭祀等活动。《史记·封禅书》："冬至日，礼天于南郊，迎长日之至。"魏晋六朝时，冬至称为"亚岁"，民众要向父母长辈拜节。宋朝以后，冬至逐渐成为祭祀祖先和神灵的节庆活动。《帝京岁时纪胜·冬至》载："长至南郊大祀，次日百官进表朝贺，为国大典。"皇帝在这天要到郊外举行祭天大典，百姓在这一天要向父母尊长祭拜。明、清两代，皇帝均有祭天大典，谓之"冬至郊天"。宫内有百官向皇帝呈递贺表的仪式，而且还要互相祝贺。

封禅、祭神鬼。《史记·孝武本纪》载："其后二岁，十一月甲子朔旦冬至，推历者以本统。天子亲至泰山，以十一月甲子朔旦冬至日祠上帝明堂，每修封禅。"由此可见冬至还和封禅有关系。除此之外，还有祭祀神鬼的说法。《周礼·春官·神仕》载："以冬日至，致天神人鬼。"《乾淳岁时记》载："冬至三日之内，店肆皆罢市，垂帘饮博，谓之做节。"这些活动都是为了祈求消除灾疫，减少荒年。

祭祖。 广东潮汕民间冬至日祭拜祖先要前一天备好猪、鸡、鱼等三牲和果品，在当天早饭后上祠堂祭拜祖先，之后家人围聚，共进午餐。潮汕地区汉族民谚云"冬节没返没祖宗"，意思是外出的人，到冬至这一天无论如何要赶回家敬拜祖宗，否则就是没有祖家观念。沿海地区如饶平之海山一带，则赶在渔民出海捕鱼之前的清晨便进行祭祖，意在请神明和祖先保佑他们出海平安，捕获丰饶。潮汕习俗，每年上坟扫墓有清明和冬至两回，谓之"过春纸"和"过冬纸"。按理，人死后前三年只"过春纸"，三年后才可以"过冬纸"。但人们多喜欢行"过冬纸"，因为"清明时节雨纷纷"，道路经常是泥泞难行；而冬至时天气一般很好。

贺冬。汉代以冬至为"冬节"，官府要举行祝贺仪式称为"贺冬"，官方例行放假，官场流行互贺的"拜冬"礼俗。《后汉书》载："冬至前后，君子安身静体，百官绝事，不听政，择吉辰而后省事。"这天朝廷上下要放假休息，军队待命，边塞闭关，商旅停业，亲朋各以美食相赠，相互拜访，欢乐地过一个"安身静体"的节日。宋代每逢此日，人们更换新衣，庆贺往来，一如年节。清代"至日为冬至朝，士大夫家拜贺尊长，又交相出谒。细民男女，亦必更鲜衣以相揖，谓之拜冬"。

消寒。冬至是进入"九九"的第一天，入九以后，有些文人、士大夫，有所谓的"消寒"活动。择一"九"日，相约九人饮酒（"酒"与"九"谐音），席上用九碟九碗，成桌者用"花九件"席，以取九九消寒之意。

民间食俗

吃馄饨。过去老北京有"冬至馄饨夏至面"的说法。相传汉朝时，北方匈奴经常骚扰边疆，百姓不得安宁。当时匈奴部落中有浑氏和屯氏两个首领，十分凶残。百姓对其恨之入骨，于是用肉馅包成角儿，取"浑"与"屯"之音，呼作"馄饨"。恨以食之，并求平息战乱，能过上太平日子。因最初制成馄饨是在冬至这一天，故在冬至这天家家户户吃馄饨。

吃饺子。民间流传着冬至吃饺子的习俗。每年农历冬至这天，不论穷富，饺子都是不可少的节日饭。谚云："十月一，冬至到，家家户户吃水饺。"

冬至吃饺子，有的地方称是为了纪念"医圣"张仲景。相传东汉末年，河南南阳有个医生叫作张仲景，医术十分高明，被人们尊称为医圣。张仲景本在长沙做官，告老还乡回老家的时候，正是赶上寒冬。他走到白河岸边，发现河面都冻成了冰。来往为生计奔忙的乡亲们，却还衣着单薄，面黄肌瘦，特别是他们的耳朵都冻烂了。张仲景看了，心中很是不忍。回到家后，登门求医的人接踵而至。门前车马杂沓，全是富贵人家。张仲景终日忙碌，心中却还记挂着那些冻伤耳朵的穷乡亲们。到了冬至那天，他把家中的工作交给弟子们，自己到南阳东关的一块空地上搭起医棚，给穷人施舍汤药，这药就叫作"祛寒娇耳汤"。做法是先把羊肉、辣椒和一些祛寒的药材放在锅里熬煮，煮熟后，将羊肉及药材捞起切碎，用面皮包成耳朵的样子，即"娇耳"，再下锅煮熟。来乞药的人们，每人都给一大碗汤，两只娇耳。大家吃了觉得浑身温暖，两耳发热。张仲景一直舍药到年三十，终于把乡亲们的耳朵全治好了。为了纪念他施药治病的恩德，到了冬至这一天，人们都包娇耳来吃。"娇耳"又称"饺儿"，也就是现在我们所吃的饺子。传说吃了冬至饺子，包管耳朵不会冻伤。南阳至今仍有"冬至不端饺子碗，冻掉耳朵没人管"的民谣。

吃糯米团。中国南方则在冬至吃糯米团，并且要搓两个又大又圆的粘在门环上。这个习俗，也有来历：传说很久以前的一年冬至，闽南城里天寒地冻的大街上，一个乞丐的妻子生起病来，最终一病不起。为了筹钱葬妻，老乞丐只得忍痛把女儿卖给人家作奴婢。一想到要离开相依为命的老父亲，女儿伤心得晕了过去，老乞丐连忙讨了一碗米汤，一口一口地把女儿灌醒。又讨来了几个糯米圆充饥，可是父女两个互相推让，不肯先吃。老乞丐就对女儿说："今日离别，就像这糯米圆分成两半，咱们团圆的时候再吃圆子好吗？"说完，两人含泪吃了圆子，就依依分别了。自父女别后，又过了三年，老乞丐毫无音讯。每年到了冬至，女儿就更加思念父亲。她想，也许父亲现在仍穷困潦倒，不能见面，那该如何相认呢？她想了个办法，对主人说："今天是冬至，家家都吃圆子，那门神也该敬敬他。"主人同意了。她就搓了两个又大又圆的糯米圆粘在门环上，她想，这样一来，父亲回来，看到门环上的冬节圆，一定不会找错门。谁知道，老乞丐还是没有回来。第二年，女儿又把冬节圆粘在窗门、猪舍、牛舍、牛头上，寄托对父亲的思念。左邻右舍取其团圆、吉利的含义，也照样去做。这个习俗就这样传遍了闽南、潮汕一带。

吃赤豆糯米饭。在江南水乡，有冬至之夜全家欢聚一堂共吃赤豆糯米饭的习俗。相传，有一位叫共工氏的人，他的儿子不成才，作恶多端，死于冬至这一天，死后变成疫鬼，继续残害百姓。但是，这个疫鬼最怕赤豆，于是，人们就在冬至这一天煮吃赤豆饭，用以驱避疫鬼，防灾祛病。

饮食养生

冬至时节，我国各地的食俗不同，品尝各地的美食，不仅能滋补身体，还能有一个好的心情。

江浙麻糍。麻糍，是浙江、江西的特产，也是闽南著名小吃，其中以南安英都所产最为有名。其原料为上好糯米、猪油、芝麻、花生仁、冰糖等。麻糍色泽鲜白，香甜可口，滑腻微凉，食后耐饿。

合肥冬至面。"吃了冬至面，一天长一线。"在安徽合肥，冬至吃面的风俗与节气、气候、农事有关。冬至过后即是数九寒天，每隔九天数作一九。在滴水成冰的严冬，吃一碗热腾腾的鸡蛋挂面，才算是过了一个冬至。

浙江嘉兴桂圆烧蛋。嘉兴重冬至，保留古风。据《嘉兴府志》记载："冬至祀先，冠盖相贺，如元旦仪。"民间崇尚冬至进补，有赤豆糯米饭、人参汤、白木耳、核桃仁炖酒及桂圆煮鸡蛋等。老人们说一年中冬至夜晚最长，不吃桂圆烧蛋的话会冻一晚上，半夜还要害肚疼。

宁波番薯汤果。"番"和"翻"同音，在宁波人的理解中，冬至吃番薯，就是将过去一年的霉运全部"翻"过去。汤果，跟汤团类似，但个头要小得多，而且里面没有馅。汤果也被叫作圆子，取其"团圆""圆满"之意。老宁波也有"吃了汤果大一岁"的说法。宁波人在做番薯汤果时，习惯加酒酿。在宁波话中，酒酿也叫"浆板"，"浆"又跟宁波话"涨"同音，取其"财运高涨""福气高涨"的彩头。

台湾糯糕。在我国台湾还保存着冬至用九层糕祭祖的传统，用糯米粉捏成鸡、鸭、龟、猪、牛、羊等象征吉祥中意福禄寿的动物，然后用蒸笼分层蒸成，用以祭祖。同姓同宗者于冬至或前后约定之早日，聚集到祖祠中，按长幼之序，一一祭拜祖先。祭典之后，还会大摆宴席，招待前来祭祖的宗亲们。大家开怀畅饮，相互联络久别生疏的感情，称之为"食祖"。

台州擂圆。吃"冬至圆"即擂圆，又叫硬擂圆、翻糙圆，是台州的老传统，擂圆取圆润、团圆之意。与平日里所吃的汤圆相比，擂圆的内容形式更加丰富，也更有意味。擂圆用糯米粉做的，先把糯米粉和温水揉成面团，再摘成醋碟大小的圆子揉圆，煮熟后放在豆黄粉里滚拌，因为这个过程在方言里叫"擂"，所以把冬至圆叫作"擂圆"。豆黄粉是将黄豆炒熟后磨成粉再拌入红糖，味道香甜浓郁，配上糯米圆的细腻糯软，令人食欲大增。夹一个粘满豆黄粉的擂圆，趁热咬上一口，香喷喷、甜滋滋、暖烘烘、软绵绵，一股幸福的滋味油然而生。除了经典的甜圆，也有很多家里喜欢咸的冬至圆，咸圆就是在糯米团里放馅，包类似猪肉、豆腐干、冬笋、香菇、红萝卜、白萝卜等细丁，可蒸可煮，鲜香多汁，别有一番滋味。

苏州桂花酒。苏州人要在冬至夜喝桂花冬酿酒。冬酿酒是一种加入桂花酿造而成的米酒，香气宜人。喝冬酿酒的同时，还配以卤牛肉、卤羊肉等各式卤菜。在寒冷的冬夜，喝冬酿酒不仅有驱寒之用，更寄托了姑苏人对美好生活的祈愿。

小寒

未报春消息，
早瘦梅先发，
浅苞纤蕊

寒 夜

[宋] 杜小山

寒夜客来茶当酒，竹炉汤沸火初红。

寻常一样窗前月，才有梅花便不同。

　　当太阳达黄经285°时，小寒节气开始，交节时间在1月5日或6日。寒即寒冷，小寒表示寒冷的程度。《月令七十二候集解》解释说："小寒，十二月节。月初寒尚小，故云，月半则大矣。"小寒之后，我国气候开始进入一年中最寒冷的时段，冷气积久而寒。此时，天气寒冷，大冷还未到达极点，所以称为小寒。

气候变化

从字面上看，小寒还没有达到最冷的程度，大寒应该是最冷，但是我国大部分地区，最冷的时候却是小寒。当然，因为地域不同、年份不同，并不能一概而论。俗语讲"冷在三九"，就在小寒之内，因此有"小寒胜大寒""小寒、大寒冻作一团"等谚语，都是形容这一节气的寒冷。小寒时节我国大部分地区都刮西北风，经常受西伯利亚寒流的影响，因而气温波动幅度较大。

小寒时节，我国南方地区冬暖显著，隆冬一月，霜雪交侵，常有冰冻，最低气温在零下10℃左右。而华南北部最低气温却很少低于零下5℃，华南南部0℃以下的低温更不多见。我国隆冬最冷的地区是黑龙江北部，最低气温可达零下40℃左右，天寒地冻，滴水成冰。低海拔河谷地带，则是南方大部分地区隆冬最暖的地方，1月平均气温在12℃左右，只有很少年份可能出现0℃以下的低温。

农事活动

防冻、追肥。小寒时节，除南方地区要注意给小麦、油菜等作物追施冬肥，海南和华南大部分地区则主要是做好防寒防冻、积肥造肥和兴修水利等工作。在冬前浇好水、施足冬肥、培土壅根的基础上，寒冬季节采用人工覆盖法也是防御农林作物冻害的重要措施。当寒潮成强冷空气到来之时，泼浇稀粪水，撒施草木灰，可有效地减轻低温对油菜的危害。露地栽培的蔬菜地可用作物秸秆、稻草等稀疏地撒在菜畦上作为冬季长期覆盖物，既不影响光照，又可减小菜株间的风速，阻挡地面热量散失，起到保温防冻的效果。遇到低温来临再加厚覆盖物作临时性覆盖，低温过后再及时揭去。

果树管理。 小寒时节正是果木受冻害最严重的时刻，所以应做好防寒工作。

杨梅树的管理：小寒时节要及时清除枝叶上的积雪，以免损伤或压断枝条。及时剪去病虫害枝条、枯枝、衰弱枝，及时清扫落叶，如有必要须烧毁，这样可以消灭越冬病虫。做好开园种植准备工作，提前挖好定植坑，施足肥料。

柑橘树的管理：要做好清园工作，剪掉病虫害枝，喷45%晶体石硫合剂杀灭越冬病虫。对果树进行整体修剪，幼年树以整形为主，成年果树以修剪为主。做好果树根部的培土工作，在树干上涂白，这样可以防冻，及时灌水，还要做好灌排沟渠。

梨树的管理：幼树培养好三大主枝，做好拉枝作业。成年果树要达到均匀结果，适当疏除多余花芽。加强病虫害防治工作，及时刮除轮纹病，用402抗菌剂50倍配制消毒伤口。

葡萄的管理：剪掉落叶枝条。做好葡萄搭架工作，篱架离地至少要0.6米左右，全部剪除副梢。防治病虫的工作是：剪除各种有病虫的枝条，消除残枝，刮除老树皮，集中烧毁。

桃树的管理：果园要修剪，选留接穗。清除枯枝落叶并烧毁。继续培肥管理，深翻改土。新果园的土地一定要平整，定点种植。还要做好苗木调运工作。

传统习俗

喝腊八粥。 小寒节气正值农历腊月（十二月），腊月初八又被称为"腊八"。腊八多在小寒与大寒之间，过了腊八，就意味着快要过大年了。我国不少地方流行腊八喝"腊八粥"的风俗，其源起于印度的佛教传说。佛教创始人释迦牟尼，本是古印度北部迦毗罗卫国净饭王之子，见众生受生老病死等痛苦折磨，便舍弃王位，出家修道。后经六年苦行，于腊月初八日，在菩提树下悟道成佛。六年苦行，释迦牟尼无暇顾及个人衣食，每天只吃一些麻麦充饥。成佛时，衣衫褴褛，瘦骨嶙峋，容貌好似枯木。后人不忘他所受的苦难，便于每年腊月初八吃粥以示纪念。这个风俗后来也传到中国民间，并一直延续至今。

祭祖先、祭百神。腊八节也成为年终的祭祀性节日，古人有祭祀祖先、合祀众神、祈求丰收吉祥的传统。《礼记·郊特牲》记载："伊耆氏始为蜡。蜡也者，索也，岁十二月，合聚万物而索飨之也。"《史记·补三皇本纪》载："炎帝神农氏以其初为田事，故为蜡祭，以报天地。"腊八节祭祀不仅表达了对祖先的崇敬与怀念，而且兼祭百神，酬谢他们一年之中为农业所做出的种种功劳。

放年学。古时，每在腊月临近春节时，学馆私塾等放假过年，称为放年学。《燕京岁时记》中载："儿童之读书者，于封印之后塾师解馆，谓之放年学。"不但民间有此习俗，皇室也是一样。清时有记载："每至十二月，于十九、二十、二十一、二十二四日之内，由钦天监选择吉期，照例封印，颁示天下，一体遵行。"此时朝廷放假，莘莘学子也借此有玩闹的时间。皇家开学的时间是正月初六，民间是过了正月十五。大约皇家放年假两周，民间放年假四周。

探梅、访梅。小寒节气探梅、访梅是一件雅事。此时腊梅已开，红梅含苞待放，挑选有梅花的绝佳风景地，细细赏玩，鼻中有孤雅幽香，神智也会为之清爽振奋。

冰戏。我国北方各省，入冬之后天寒地冻，冰期十分长久，动辄从十一月起，直到次年四月。春冬之间，河面结冰厚实，冰上行走皆用爬犁。爬犁或由马拉，或由狗牵，或由乘坐的人手持木杆如撑船般划动，推动前行。冰面特厚的地区，大多设有冰床，供行人玩耍，也有穿冰鞋在冰面上竞走的，古代称为冰戏。《宋史》载："故事斋宿，幸后苑，作冰戏。"《钦定日下旧闻考》中记载有："西华门之西为西苑，榜曰西苑门，入门为太液池，冬月则陈冰嬉，习劳行赏。"《倚晴阁杂抄》中关于北平旧时风俗，写有："明时，积水潭尝有好事者，联十余床，携都篮酒具，铺毡锐其上，轰饮冰凌中，亦足乐也。"

民间食俗

吃腊八粥。腊八粥的食材有很多，据《燕京岁时记·腊八粥》记载："腊八粥者，用黄米、白米、江米、小米、菱角米、栗子、红豆、去皮枣泥等，和水煮熟，外用染红桃仁、杏仁、瓜子、花生、榛穰、松子及白糖、红糖、琐琐葡萄，以作点染。"同是腊八粥，因地区不同，南北有异。北方的腊八粥有黄米、红米、白米、小米、菱角米、栗子、红豆、枣泥，也有的地方另加桃仁、杏仁、瓜子、花生、松子、葡萄干以点缀。南方的腊八粥，则加入了莲子和桂圆。

吃黄芽菜。据《津门杂记》记载，旧时天津地区有小寒吃黄芽菜的习俗。黄芽菜是天津特产，它是用白菜芽制作而成。冬至后将白菜割去茎叶，只留菜心，离地6厘米左右，以粪肥覆盖，勿透气，半月后取食，脆嫩无比。那时候条件有限，所以人们会想出一些方法来弥补冬日蔬菜的匮乏。如今，人们生活水平提高了，各种蔬菜肉食，四季都有，不再像过去那样要为冬日蔬菜的稀缺而担忧。

吃南京菜饭。 到了小寒，老南京人一般会煮菜饭吃，菜饭的内容并不相同，有用矮脚黄青菜与咸肉片、香肠片或板鸭丁，再剁上一些生姜粒与糯米一起煮，十分香鲜可口。其中矮脚黄、香肠、板鸭都是南京的著名特产，可谓是真正的"南京菜饭"，甚至可与腊八粥相媲美。

饮食养生

寒为冬季的主气，小寒又是一年中最冷的季节。寒为阴邪，易伤人体阳气，寒主收引凝滞。所以，虽然小寒养生要在"春夏养阳，秋冬养阴"的基础上，敛藏精气、固本扶元，以"防寒补肾"为主。冬日万物敛藏，养生就该顺应自然界收藏之势，收藏阴精，使精气内聚，以润五脏。冬季时节，肾的机能强健，则可调节机体适应严冬的变化。

多食温热食物。 中医认为寒为阴邪，最寒冷的节气也是阴邪最盛的时期，从饮食养生的角度讲，要特别注意在日常饮食中多食用一些温热食物以补益身体，防御寒冷气候对人体的侵袭。日常食物中属于热性的食物主要有鳟鱼、辣椒、肉桂、花椒等；属于温性的食物有糯米、高粱米、刀豆、韭菜、茴香、香菜、荠菜、芦笋、芥菜、南瓜、生姜、葱、大蒜、杏子、桃子、大枣、桂圆、荔枝、木瓜、樱桃、石榴、栗子、核桃仁、杏仁、羊肉、鸡肉、羊乳、鹅蛋、鳝鱼、鲢鱼、虾、海参、酒等。

减甘增苦。 小寒因处隆冬，土气旺，肾气弱，因此饮食方面宜减甘增苦，补心助肺，调理肾脏。所谓"三九补一冬"，但小寒时切记不可大补。在饮食上可多吃羊肉、牛肉、芝麻、核桃、杏仁、瓜子、花生、棒子、松子、葡萄干等，也可结合药膳进行调补。进补时应注意不要过食肥甘厚味、辛辣之品。

涮羊肉。小寒时节各地有涮羊肉火锅、吃糖炒栗子、烤白薯等食俗。俗语说："三九补一冬，来年无病痛。"此时吃羊肉、狗肉这类暖性食物是再好不过了。其中又以羊肉汤最为常见，有的餐馆还推出当归生姜羊肉汤，一些传统的冬令羊肉菜肴重现餐桌。

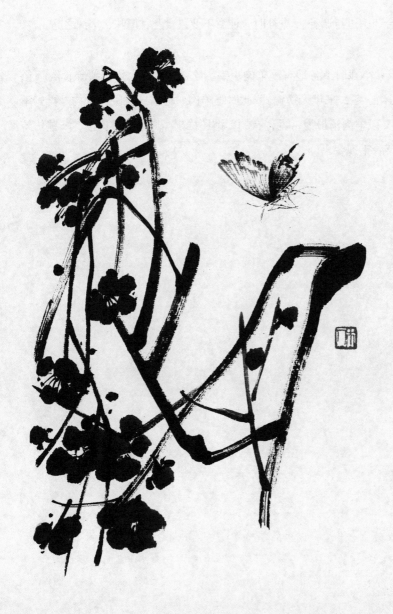

大寒出江陵西门

[宋] 陆游

平明羸马出西门，淡日寒云久吐吞。

醉面冲风惊易醒，重裘藏手取微温。

纷纷狐兔投深莽，点点牛羊散远村。

不为山川多感慨，岁穷游子自消魂。

　　大寒是理论上一年中最寒冷的节气，此时太阳到达黄经300°，交节时间为1 月 20 日或 21 日。《三礼义宗》载："大寒为中者，上形于小寒，故谓之大。自十一月一阳爻初起，至此始彻，阴气出地方尽，寒气并在上，寒气之逆极，故谓大寒也。"

气候变化

大寒节气，大气环流比较稳定，环流调整周期为 20 天左右。此种环流调整时，常出现大范围雨雪天气和大风降温。当东经 80 度以西为长波脊，东亚为沿海大槽，我国受西北风气流控制及不断补充的冷空气影响便会出现持续低温。同小寒一样，大寒也是表示天气寒冷程度的节气。近代气象观测记录虽然表明，在我国部分地区，大寒不如小寒冷，但是在某些年份和沿海少数地方，全年最低气温仍然会出现在大寒节气内。这时寒潮南下频繁，是我国大部分地区一年中的最冷时期，风大，低温，地面积雪不化，呈现出冰天雪地、天寒地冻的严寒景象。

小寒、大寒是一年中雨水最少的时段。常年大寒节气，我国南方大部分地区雨量仅较前期略有增加，华南大部分地区为 5~10 毫米，西北高原山地一般只有 1~5 毫米。华南地区冬干，越冬作物这段时间耗水量较小，农田水分供求矛盾一般并不突出。不过"苦寒勿怨天雨雪，雪来遗到明年麦"。在雨雪稀少的情况下，不同地区按照不同的耕作习惯和条件，适时浇灌，对小春作物生长无疑是大有好处的。

农事活动

大寒节气里，各地农活依旧很少。北方地区多忙于积肥堆肥，为开春做准备。南方地区则仍加强小麦及其他作物的田间管理。此时天气十分干燥，对于某些作物来说，在一定生长期内需要有适当的低温。冬性较强的小麦、油菜，通过春化阶段就要求较低的温度，否则不能正常生长发育。南方大部分地区常年冬暖，过早播种的小麦、油菜，往往长势太旺，提前拔节、抽薹，抗寒能力大大减弱，容易遭受低温霜冻的危害。可见，因地制宜选择作物品种，适时播栽，并采取有效的促进和控制措施，是夺取高产的重要因素。

传统习俗

在大寒至立春这段时间，有很多重要的民俗和节庆，如尾牙祭、祭灶、小年和除夕等，有时甚至连我国最大的节庆春节也处于这一节气中。

尾牙祭。尾牙源自于拜土地公做"牙"的习俗。所谓二月二为头牙，以后每逢初二和十六都要做"牙"，到了农历十二月十六日正好是尾牙。一般情况下，尾牙祭祀多在十二月十六日的下午四五点开始祭拜。尾牙祭拜土地公时，供桌会设在土地公神位前。在门口或后门处也会设供桌，以祭拜地基主。祭祀的供品有牲礼（鸡、鱼、猪三牲）、四果（四种水果，其中柑橘、苹果是一定要有的），还有"春卷"，即润饼，里面卷有豆芽菜、红萝卜、笋丝、肉丝、香菜，外面裹有花生粉，吃起来美味可口。这一天买卖人要设宴，白斩鸡为宴席上不可缺的一道菜。据说鸡头朝谁，就表示老板第二年要解雇谁。因此有些老板一般将鸡头朝向自己，以使员工们能放心地享用佳肴，回家也能过个安稳年。作尾牙算是感谢土地公对信众的农作收成与事业生意顺利的庇佑，所以会比平常的作牙更加隆重。

祭灶节。农历腊月二十三日为祭灶节，民间又称"交年""小年"。旧时，每家每户灶台上都设有"灶王爷"神位。传说灶神是玉皇大帝派到每个家庭中监察人们平时善恶的神，人们称之为"司命菩萨"或"灶君司命"，被视为一家的保护神而受到崇拜。每年岁末，灶王爷都要回到天官中向玉皇大帝奏报这家人一年的善恶，玉皇大帝再将这一家在新的一年中应得到吉凶祸福的命运交于灶王爷的手上。送灶神的仪式称为"送灶"或"辞灶"。人们"送灶"时，会在灶王爷像前的桌案上供放糖果、清水、料豆、秣草，其中，后三样是为灶王爷升天的坐骑备料。祭灶时，还要把关东糖用火熔化开，涂在灶王爷的嘴上，这样他就不能在玉帝那里讲坏话了。

祭灶当日，人们不能乱说话，不能言是非，尤其是灶神朝天言事之夜。忌将菜刀刃对着灶君位，否则会被灶神怪罪而受到惩罚。出嫁女忌在娘家过小年，要在节前赶回婆家。在山西孝义，小年这天不动磨，妇女不用针；祭灶日当夜俗称"老鼠嫁女"，人们要早早睡下，若夜晚看到老鼠则预示来年多鼠害。

除夕。 腊月三十为除夕。春节是一年之始，而除夕是一年之终。我国人民历来重视"有始有终"，所以除夕与第二天的春节这两天，便成为我国最重要的节庆。除夕这一天人们要把家里家外打扫得干干净净，还要贴门神、贴春联、贴年画，而且每个人都穿上新衣服。我国各地在腊月三十这天的下午，都有祭祖的风俗，称为"辞年"。除夕祭祖是民间大祭，有宗祠的人家都要开祠，在祖宗牌位前供奉着各种祭品，并且点上大红色的蜡烛，然后全家人按长幼顺序拈香向祖宗祭拜。

扫尘。 过了小年春节就近了。这一天人们会彻底打扫室内，这叫扫尘。扫尘是为了除旧迎新，扫去不祥。扫尘主要是把家里彻底清洁，家家户户会变得焕然一新，这时候新贴的春联鲜艳夺目，衬托出节日景象。

剪窗花。 在准备春节的事宜中剪窗花最为重要。人们会在春节到来之前剪出各种各样的窗花，为节日增添一些喜气。窗花的内容一般都是动物、植物，如喜鹊登梅、燕穿桃柳、狮子滚绣球等。

写春联。 民间讲究春节时门必贴春联，物必贴春联。 春联也十分讲究，一般都要写敬仰和祈福的话。 最常见的对联是："天恩深似海，地德重如山。"土地神联："土中生白玉，地内出黄金。"财神联："天上财源主，人间福禄神。"春联的种类繁多，但每家屋里都会贴"抬头见喜"，大门对面都会贴"出门见喜"。大门上的对联人们很重视，内容非常丰富，而且妙语连珠。

吃糯米饭。 由于大寒时节天气比较寒冷，身体缺少热量，抵抗能力下降，而糯米因为它的热量比较高，正好可以弥补这个缺点，抵御严寒。广东佛山民间有大寒节瓦锅蒸煮糯米饭的习俗，糯米味甘，性温，比普通大米含糖分高，食之具有御寒滋补功效。

饮食养生

古有"大寒大寒，防风御寒，早喝人参、黄芪酒，晚服杞菊地黄丸"的说法，说明了人们对身体调养的重视。大寒时节仍然是冬令进补的好时机，重点应放在固护脾肾、调养肝血上，进补的方法有两种。

一是药补，此时可喝中药调理。药补要结合自己的体质和病状选择服用，如体质虚弱、气虚之人可服人参汤；阴虚者可服六味地黄丸等。能饮酒的人也可以结合药酒进补，常见的有十全大补酒、枸杞酒、虫草补酒等。

二是食补，俗话说"药补不如食补"，所以应以食补为主。偏于阳虚的人食补以温热食物为宜，如羊肉、鸡肉等；偏于阴虚者以滋阴食物为宜，如鸭肉、鹅肉、鳖、龟、木耳等。

以下列举一些饮食良方。

鸡汤。 大寒时节，在江苏一带民间有"一九一只鸡"的传统食俗。虽然大寒节气已是农历四九前后，但南京人依然要喝鸡汤。做鸡必须用老母鸡，或单炖，或添加参须、枸杞子、黑木耳等同炖。鸡汤美味滋补，很适宜在寒冬时享用。

菜头、蹄膀。 腌菜头、炖蹄膀，这是南京人独有的吃法。小雪时腌的青菜此时已是鲜香可口；蹄膀有骨有肉，有肥有瘦，肥而不腻，营养丰富。腌菜与蹄膀可谓荤素搭配，肉显其香，菜显其鲜，符合科学饮食要求。

羹。 腊月时，老南京人还喜欢做羹食用。北方的羹偏于黏稠厚重，南方的羹偏于清淡精致，而南京的羹则取南北风味之长，既不过于黏稠或清淡，又不过于咸鲜或甜淡。南京人冬日喜欢食羹的一个原因是取材简单，可繁可简，可贵可贱，肉糜、豆腐、山药、木耳、山芋、榨菜等，都可以做成一盆热腾腾的羹，配点香菜，撒点白胡椒粉，吃得全身热气腾腾。

藕。 大寒节气期间正值冬藕上市的时候，一碗热腾腾、香喷喷的老藕排骨汤，是寒冬季节最温暖的一道家常菜式，备受男女老少的青睐。"荷莲一身宝，冬藕最补人。"藕是最好的养阴佳品之一，非常适合冬季食用。

腊米。 天津人会在腊月最寒冷时蒸腊米。所谓蒸腊米，就是在大寒时节，家家户户会拿出一些上等好米洗净蒸透，之后铺摊在芦席上，等冷透后晒干，装进干净的瓷缸内储存，即使放上几十年也不会变质。夏天吃这种米可以免泻痢；老年人或体弱多病者，用蒸腊米煮食，对脾胃有益。

图书在版编目（CIP）数据

中国人的二十四节气 / 邱丙军主编 . — 北京：化学工业出
版社，2018.1（2025.2重印）
ISBN 978-7-122-31160-3

Ⅰ . ①中… Ⅱ . ①邱… Ⅲ . ①二十四节气 – 基本知识
Ⅳ . ① P462

中国版本图书馆 CIP 数据核字 (2017) 第 301018 号

责任编辑：温建斌　龚风光　　　　　　装帧设计：今亮后声 HOPESOUND
责任校对：王素芹　　　　　　　　　　　　　　　　pankouyugu@163.com

出版发行：化学工业出版社（北京市东城区青年湖南街 13 号　　邮政编码 100011）
印　　装：中煤（北京）印务有限公司
710mm×1000mm 1/16　印张 15　字数 195 千字　2025 年 2 月北京第 1 版第 19 次印刷

购书咨询：010-64518888　　　　　　售后服务：010-64518899
网　　址：http://www.cip.com.cn
凡购买本书，如有缺损质量问题，本社销售中心负责调换。

定　价：49.80 元　　　　　　　　　　　版权所有　违者必究

MARK
麦客文化